RANTAKUKKA

Ystävä ja vihollinen

Kai Aulio

RANTAKUKKA

Ystävä ja vihollinen

Euroopan kaunottaresta Amerikan hirviöksi

Kannen valokuva: Kosteikosta metsään levittäytyvä rantakukan monokulttuuri, Ontario, Kanada.
Kuva: Alamy.com

Kustantaja: BoD – Books on Demand, Helsinki, Suomi
Valmistaja: BoD – Books on Demand, Norderstedt, Saksa

ISBN: 978-952-802-430-9

SISÄLLYSLUETTELO

Euroopassa rantakukka on yleinen ja muulle luonnolle harmiton alkuperäislaji (Aurajoki, Turku). Kuva: Kai Aulio.

Esipuhe

Rantakukan leviämishistoria tunnetaan hyvin, mutta kasvin tie amerikkalaiseksi ongelmaksi olisi voitu aavistaa jo paljon ennen toteutumistaan. Laji sai paljon huomiota biologian ja evoluutioteorian suurmieheltä Charles Darwinilta, joka käsitteli rantakukkaa monissa kirjoissaan ja tieteellisissä artikkeleissaan. Kasvin erikoinen kukkarakenne innosti Darwinia vuosikausien ponnistuksiin ja risteytyskokeisiin "eliökunnan huomattavimman hedelmöitystapahtuman" ymmärtämiseksi.

Jo vuosikymmeniä ennen kuin eurooppalaiset siirtolaiset kuljettivat rantakukan Pohjois-Amerikkaan, Darwin kuvasi luonnontieteen käsitykset mullistaneessa *Lajien synty* -kirjassa tapahtumasarjan, jollaisen kautta rantakukasta tuli se vitsaus joksi laji sittemmin osoittautui.

Kuuluisalla *Beagle*-aluksen tutkimusmatkalla Darwin kuvasi kokemuksiaan Argentiinassa: "Voisi esitellä kotiutettuja vieraita kasveja, jotka ovat valloittaneet kokonaisia saaria alle kymmenessä vuodessa. Monet nykyisin LaPlatan tasankojen yleisimmistä kasveista, jotka peittävät tasankoja lähes tukahduttaen kuoliaiksi kaikki muut kasvit, on tuotu tänne Euroopasta". Vuonna 1859 julkaistu teksti on kuin synkkä ennuste, joka tulisi käymään konkreettisesti toteen pian sen jälkeen, kun ensimmäiset rantakukat olivat saaneet pysyvän jalansijan Yhdysvaltain itärannikolla vuonna 1831.

Tulokaskasvin poikkeuksellisen nopea valloitus on hieman hidastunut alkuvuosikymmenien ryntäyksien jälkeen, mutta matka on vielä kesken. Liittovaltioon viranomaisten tilastojen mukaan muukalaisen leviäminen jatkuu edelleen, ja viimeisin rantakukan kirjoihinsa saanut osavaltio (itse asiassa listan viimeinen mannerosavaltio) oli Louisiana vuonna 2018 eli 187 vuotta ensimmäisten havaintojen jälkeen.

Paljon julkisuutta saaneet rantakukan biologiset torjuntaoperaatiot Euroopasta tuotettujen kovakuoriaisten avulla ovat monin paikoin ja pienialaisesti onnistuneita, vaikka valtakunnallista asetta tunkeutujaa vastaan hyönteiset eivät tarjoakaan. Atlantin valtameren ylitys jättämällä luontaiset viholliset taakseen on varmasti keskeinen syy rantakukan menestykseen Uudella mantereella.

Luontaisten vihollisten puuttumisen lisäksi rantakukan menestyksessä on paljon muutakin. Laji on erittäin vahva kasvi kasvia vastaan käytävässä kilpailussa. Risteytymisten kautta rantakukka voi Uudella mantereella kehittyä jopa kolme kertaa suuremmaksi kuin eurooppalaiset lajikumppaninsa. Pelkkä koko ei yksin ratkaise, mutta yhdistettynä valtavaan siementuotantoon etu on merkittävä.

Tärkeä tekijä rantakukan menestykseen on sopeutumiskyky niin paikallisiin maaperä- ja vesiolosuhteisiin kuin ilmastollisiin vaihteluihin. Kasvin kilpailukykyä edistäviä ominaisuuksia on pystytty vertailemaan Ruotsin Itämeren rannikolla ja Yhdysvaltain itärannikolla, joissa molemmissa rantakukkaa tavataan noin 1200 kilometrin laajuisella vyöhykkeellä. Kasvun sekä kukkimisen ja siementuotannon tarkoituksenmukainen, ajallinen säätely on rantakukan tärkeimpiä aseita uusien alueiden valloituksessa ja kilpailussa muita kasvilajeja vastaan.

1

Darwinin painajainen

Yleensä luonto pitää häiriköt kurissa

Rantakukka (*Lythrum salicaria* L.) on meillä tuttu, yleinen ja arvostettukin luonnonkasvi, jota on paljon myös tarkoituksella lisätty siirtämällä ja istuttamalla runsaasti ja pitkään kukkivia kasveja puutarhoihin. Samanlainen rantakukan asema on muuallakin Euroopassa, mutta Atlantin valtameren toisella puolella lajia ei pidetä kaunottarena vaan päinvastoin hirviönä.

Ihmisten mukana Pohjois-Amerikkaan siirtyneestä ja kotiutuneesta kasvista on tullut Uudella mantereella vihattu vieraslaji, josta pyritään kaikin keinoin pääsemään eroon. Tulokas on kuitenkin ihmisen torjuntakeinoja vahvempi, ja siksi muukalainen valloittaa yhä laajempia alueita tuhoten samalla mantereen alkuperäistä kosteikkokasvistoa.

Rantakukan menestyksen selittäjäksi mainitaan luontaisten vihollisten puuttuminen Uuden mantereen kasvupaikoilla. Alkuperäisillä levinneisyysalueillaan ”kasvi pysyy kurissa” etenkin kovakuoristen aiheuttaman vioittamisen seurauksena.

Pohjois-Amerikassa mikään kasvinsyöjäeläinten ryhmä ei ole alkanut käyttää tulokasta ravintonaan, joten vihollisista vapaana tulokas on saavuttanut merkittävän kilpailuedun alueiden paikalliseen kasvistoon verrattuna. Etenkin lehtikuoriaiset ovat niin tehokkaita rantakukan hillitsijöitä, että näitä hyönteisiä on tarkoituksella siirretty Amerikkaan vieraslajin biologisen torjunnan työkaluiksi.

Kasvinsyöjäeläinten puuttuminen yhdistettynä rantakukan erittäin suureen siementuotantoon on nostanut lajin oppikirjojen malliesimerkiksi kuvattaessa vieraslajien nopeaa etenemistä ja haitallisuutta. Taustaa selityksille haetaan evoluutiobiologian juurilta, Charles Darwinin teorioista ja teoksista lähtien. Darwin esitti jo vuonna 1859 ilmestyneessä *Lajien synty* -teoksessaan, miten mikä tahansa kasvi voi täyttää Maan ja syrjäyttää muut lajit vakiintuneella siementuotannollaan, jos jokin ulkoinen tekijä – kilpaileva laji, saalistaja tai ympäristöolosuhteet – eivät aseta rajoja geometrisessa sarjassa (eksponentiaalisesti) etenevälle uusien yksilöiden tuottamiselle.[1]

Britannian Open University -yliopiston ekologian professori Jonathan Silvertown nostaa 1800-luvulla Euroopasta Pohjois-Amerikkaan viedyn rantakukan tyyppikasviksi kuva-tessaan rajoittamattoman, vihollisista vapaan lisääntymisen vaikutuksia luontoon.[2] Rantakukka käyttäytyy Silvertownin mukaan Uudella mantereella kuin tyypillinen Darwinin painajainen (*Darwinian Demon*), joka voi levitä hallitsemattomasti tuhoten muut samanlaisilla paikoilla esiintyvät lajit jopa paikalliseen sukupuuttoon. Paholaisen tai painajaisen asemaan Pohjois-Amerikassa rantakukka on kirjoittajan mukaan päässyt nimenomaan jätettyään luontaiset vihollisensa Vanhaan maailmaan.

Pakeneminen kasvinsyöjiltä on varmasti tärkeä, mutta ei missään nimessä ainoa syy rantakukan poikkeukselliseen menestykseen Uudella mantereella. Tulokaslajien menestys voi perustua yhteen tai useampaan samanaikaisesti vaikuttavaan biologiseen tai ympäristöoloista johtuvaan tekijään.

Uusia alueita valtaavien tulokaskasvien ominaisuuksia käsittelevän kirjallisuuden yhteenvetoartikkelissaan yhdysvaltalaistutkijat Jonathan Fleming ja Eric Dibble luettelevat 13 ominaisuutta, joilla muukalaiset pystyvät saavuttamaan dominoivan aseman uusilla asuinsijoillaan. Laajan katsauksen johtopäätös on, ettei vieraslajien valloituksen onnistumisessa ole mitään kaikkiin tapauksiin yleistettävissä olevaa periaatetta tai selittäjää.[3]

Pohjois-Amerikkaa tehokkaasti valloittaneella rantakukalla on arsenaalissaan käytännöllisesti katsoen kaikki kasvillisuuden käytössä olevat keinot.

Rantakukan esiintymisestä ja levittäytymisestä Pohjois-Amerikassa on julkaistu satoja artikkeleita niin tieteellisissä sarjoissa kuin sanoma- ja aikakauslehdissä. Kirjoitusten sävy ja johtopäätökset ovat varsinkin viime vuosikymmeninä – kauniin tulokaslajin aiheuttaman alkukiinnostuksen laannuttua – olleet valtaosin kielteisiä. Nopeasti levittäytyvää rantakukkaa on opittu pitämään todellisena vitsauksena, jota rinnastetaan jopa ruttoon ja jonka siirtäminen sekä kaupittelu on monissa Yhdysvaltain osavaltioissa kiellettyä. Mutta onko kaunis muukalainen sittenkään ansainnut saamaansa syrjintää ja halveksuntaa? Tieteellisesti päteviä näyttöjä rantakukan aiheuttamista haitoista on vähemmän kuin lajin kyseenalaisesta maineesta voisi päätellä.

New Hampshiren yliopiston tutkija Mark Anderson analysoi vuonna 1995 julkaistussa katsauksessaan kaikkiaan 71 julkaistua tutkimusta ja selvitystä rantakukan vaikutuksista Pohjois-Amerikan alkuperäisluonnon eläin- ja kasvilajistoon. Yhteenvedon tulos on yllättävä: Kaikkiaan 29 eliölajin todettiin käyttävän rantakukkaa hyödykseen, eikä yhdenkään kasvilajin todettu valtakunnallisella tai osavaltiotasolla taantuneen rantakukan kotiutumisen seurauksena. Kukaan ei varmasti kiistä tulokkaan paikallisia vaikutuksia.

Kokeellisesti on paljon tutkittu esimerkiksi rantakukan ja samoissa kosteikkoyhdyskunnissa kasvavien osmankäämien (*Typha* spp.) suhteita. Puutarhoissa ja pienialaisissa koejärjestelyissä rantakukka on osoittautunut osmankäämeihin verrattuna ylivertaiseksi kilpailijaksi. Mutta luonnossa tulokkaan kykyä syrjäyttää kookkaita alkuperäislajeja ei ole samassa suhteessa havaittu, ja itse asiassa kasviston monimuotoisuus voi joissakin kohteissa jopa lisääntyä rantakukan kotiuduttua yhteisöihin.[4]

Tuttu kasvi, monta nimeä

Rantakukan nimi ei voisi olla osuvampi, ei suomeksi sen enempää kuin monella muulla kielellä. Rantakukka kasvaa mitä moninaisimmilla paikoilla, mutta tyypillisimmillään lajin tapaa rannoilta ja kosteikoilta. Kasvupaikkansa suhteen laji on kuitenkin vaatimaton. Rantakukkaa kasvaa sekä suolattomien että vähäsuolaisen Itämeren murtoveden vesirajassa, usein juuret ja verson tyvet vesirajan alapuolellakin. Toisessa ääripäässä rantakukan voi tavata korkealta vesirajan yläpuolelta kallioiden rakosissa tai sisämaassa pitkiäkin aikoja kuivina säilyvien painanteiden hiekka- tai turvemaassa.

Meillä rantakukka on yleinen Etelä- ja Keski-Suomessa, harvinaistuen kohti pohjoista. Pohjoisimmat esiintymät tavataan napapiirin tuntumassa. Kasvi on meillä alkuperäisen luonnon edustaja – ja kaikin puolin vaaraton. Kuitenkin esimerkiksi professori Seppo Turunen mainitsee rantakukan peräti seitsemän kertaa *Valloittavat lajit* -teoksessaan korostaen kasvin kuuluvan maailman vaarallisimpiin ja intensiivisimmin leviäviin vieraslajeihin.[5] Täällä rantakukkaa ei tarvitse kavahtaa, ja alan asiantuntijakin kertoo istuttaneensa lajia omaan puutarhaansa.

Kasvin tieteellinen sukunimi *Lythrum* viittaa kreikankielen sanaan *lythron* eli verinen tai veren tahrima. Lajinimi *salicaria* puolestaan viittaa pajuihin (*Salix*), sillä kasvin lehdet muistuttavat muodoltaan pajuille tyypillistä muotoa.

Englanninkielessä *Lytrum salicaria* on *Purple loosetrife*, ja mikäpä olisikaan osuvampaa kuin nimetä kasvi kookkaiden, keski- ja loppukesällä pitkään kirkkaan purppuraisena loistavien kukkiensa mukaan. Saksaksi rantakukka on *Blut Weisenrich*. Nimessä ovat mukana sekä kukan väri että lehtimuoto, sillä Blut merkitsee verta ja lajinimen loppuosa merkitsee pajun kaltaista. Ruotsiksi rantakukka on *Fackelblomster* eli soihtukukka.

Kasvin monipuolista arkipäivän käyttöä kuvaavat monet eri puolilta maata muistiin merkityt kansanomaiset nimet. Rantakukka-nimen ohella laji on kasvitieteellisessä, virallisessa nimistössä myös pohjanrantakukka. Ulkonäköön ja rohdoskäyttöön liittyviä kansanomaisia rinnakkaisnimiä ovat ainakin koskelonkuusi, kuismaheinä, kuismankukka, kukonhäntä, miehen usmaheinä, puisma, pukinparta, punakukka, rantahorsma, rantapuna, ruusuheinä, saariston orkidea, sininen uismaheinä.

Kaunotar otettiin mukaan Uuteen maailmaan

Alkuperältään rantakukka on Vanhan maailman kasvi, jota esiintyy luonnonvaraisena lähes koko Euroopassa ja Aasiassa. Levinneisyys-alue ulottuu lännessä Brittein saarilta idässä Keski-Venäjälle, lähes napapiirin korkeudelle saakka. Lisäksi lajia tavataan Pohjois-Afrikassa, Australiassa, Uudessa-Seelannissa, Japanissa ja Korean niemimaalla, monissa maissa Kaakkois-Aasiassa ja Pohjois-Intiassa sekä Himalajan vuoriston pohjoisosissa.

Eniten julkisuutta rantakukka on saanut ei-toivottuna tulokkaana Pohjois-Amerikassa. 1800-luvun alkupuoliskolla eurooppalaiset siirtolaiset kuljettivat rantakukan Uuteen maailmaan – sekä tarkoituksella koristekasvin siemeninä että tahattomasti laivojen painolastimassojen mukana. Kasvi kotiutui liiankin hyvin.

Vasta 1980-luvulla liittovaltion luontoasioista vastaava keskusvirasto (*U.S. Fish and Wildlife Service*) selvitti tulokkaan esiintymisalueiden laajuuden ja merkityksen – ja muukalainen julistettiin lainsuojattomaksi. Vakavaksi vieraslajiksi luokiteltu rantakukka kasvaa nykyisin kaikissa Yhdysvaltain mannerosa-valtioissa Floridaa lukuun ottamatta sekä ainakin kymmenessä Kanadan provinssissa tai territoriossa. Yhdysvalloissa rantakukkaa kasvaa miljoonien hehtaarien laajuisina kasvustoina, ja laji valloittaa vuosittain keskimäärin 190 000 hehtaaria kosteikkoalaa.[6,7]

Aiheuttamiensa haittojen takia tulokaslaji on saanut USA:ssa lisänimen Punainen rutto (*Purple Plague*). Rantakukka on myös

Kansainvälisen luonnonsuojeluliiton (IUCN) *100 maailman vaarallisinta vieraslajia* -listalla.[8]

Tulokkaan vaikutuksista pohjoisamerikkalaiseen luontoon ja talouteen keskustellaan vilkkaasti niin tiedotusvälineissä, sosiaalisen median palstoilla kuin tieteellisissä julkaisuissakin. Tänä päivänä tuskin on enää tarpeen edes kysyä, pitäisikö rantakukasta olla huolissaan?[9]

Kaunistuksesta vihatuksi tunkeutujaksi

Meillä kasvi on haluttu kaunistus, mutta Yhdysvalloissa tilanne on tyystin toisenlainen: Uudelle mantereelle Euroopasta siirretyn rantakukan kilpailuvaltti on se, ettei lajilla ole uusilla levinneisyysalueillaan lainkaan hyönteistuholaisia, jotka pitäisivät kantaa kurissa. Vitsaukseksi osoittautuneen tulokkaan torjuntaan Yhdysvaltoihin on tuotu eurooppalaisia hyönteisiä, jotka käyttävät rantakukkaa ravintonaan.

Muukalaisen torjuntaan käytetään USA:ssa vuosittain ainakin 45 miljoonaa dollaria. Kasvin tai sen siementen siirtäminen tai myyminen on säädetty laittomaksi parissakymmenessä osavaltioissa.

Laajasta julkisuudestaan huolimatta rantakukka ei ole valtakunnallisessa mittakaavassa mitenkään erityisen vakava ongelma Pohjois-Amerikassa. Yhdysvalloissa tavataan tätä nykyä yli 50 000 vieras- tai tulokaslajiksi luokiteltavaa eliölajia, joista suuri osa aiheuttaa sekä ekologisia että taloudellisia ongelmia. Rantakukan mekaaniseen, kemialliseen ja biologiseen torjuntaan käytettävät kymmenet miljoonat dollarit tuntuvat varsin vähäisiltä verrattaessa esimerkiksi pihanurmikoilla, puistossa ja golfkentillä voikukan ja muiden rikkaruohojen torjuntaan vuosittain käytettäviin 1 500 miljoonaan dollariin.[10]

Rantakukan torjuntaa on myös arvosteltu, sillä toimintaa aloitettaessa tulokkaan haitoista on julkaistu vain harvoja tieteellisesti päteviä selvityksiä. 1980-luvun puolivälissä aloitettujen torjunta-ainekäsittelyjen (myrkytysten) heikoista tuloksista ei kerrottu julkisuuteen, ja toiminta jatkui paljolti vain ylimalkaisten asenteiden varassa. Sittemmin ekologiset ja myös taloudelliset tutkimukset ovat varmistaneet vieraslajin haitallisuuden, ja tätä nykyä erilaisten torjuntatoimien hyötyjen katsotaan olevan merkittävästi suurempia kuin mahdolliset paikalliset haitat.[11]

Muukalainen kasvaa jättiläiseksi

Euroopassa rantakukan verson pituus on korkeintaan 1.5 metriä. Suomessa *Retkeilykasvion* lajikuvauksessa vaihteluväliksi ilmoitetaan 40–120 cm.[12] Pohjois-Amerikassa tulokkaana levittäytyvien rantakukkien maksimipituus on sen sijaan jopa kaksi kertaa suurempi kuin lähtöalueellaan. Amerikkalaisissa kasvikuvauksissa rantakukan pituudeksi ilmoitetaan jopa 10 jalkaa eli noin kolme metriä.[13]

Rantakukan suurikokoisuus Uudella mantereella on mitä ilmeisimmin ainakin osittain seurausta uusien, alkuperältään kaukaisten geeniyhdistelmien syntymisestä risteytymisten seurauksena (*heteroosi*-ilmiö, sivu 47).

Suuren versopituuden ja kasvustojen tiheyden seurauksena rantakukan yhdyskuntien tuotanto ja maanpäällinen biomassa ovat poikkeuksellisen korkeita. Esimerkiksi Yhdysvalloissa, Delaware River -joen vesistön kosteikoissa rantakukka todettiin ekosysteemien runsastuottoisimmaksi kasvilajiksi, jonka versostobiomassa oli kasvukauden lopulla enimmillään runsaat 2.1 kiloa kuiva-ainetta neliömetrillä. Suomalaistenkin rantakosteikkojen huipputuottajiin luokiteltavan leveäosmankäämin (*Typha latifolia* L.) kasvustot tuottivat samoilla paikoilla korkeintaan 1.2 kiloa neliömetrillä.[14]

2

Kolmenlaisia kukkia

”Eliökunnan huomattavin lisääntymistapahtuma”

Rantakukalla on kolmenlaisia kukkia, joissa heteiden ja emien pituudet sekä avautumisajat vaihtelevat. Jotta toivottu hedelmöittyminen tapahtuisi, pölyttäjähyönteisen on etsittävä toinen kasviyksilö, jossa on sama emien ja heteiden kokosuhde. Saman yksilön lukuisten kukkien välillä pölytys ei onnistu.

Eri kokoisten ja eri aikaan avautuvien lisääntymiselinten avulla rantakukka varmistaa jatkuvan elinvoiman kannalta tärkeän ristipölytyksen. Rantakukan monimutkaisen kukkarakenteen ja lisääntymisbiologian salaisuudet havaitsi jo Charles Darwin, joka vuonna 1864 *Botanical Journal of the Linnean Society* -tiedelehdessä ylisti *Lythrum*-lajien kolmenlaisten kukkien tarjoavan ”ehkä huomattavamman hedelmöittymistapahtuman kuin mikään muu kasvi tai eläin”.[15]

Darwin paitsi kuvasi rantakukan monimutkaisen kukkarakenteen hän myös ymmärsi heteiden eriaikaisuuden ja sekä heteiden ja emien kokoerojen merkityksen ristipölytyksen varmistavana keinona. Morfologisten havaintojensa jälkeen Darwin suoritti reilut parisataa risteyskoetta erilaisilla hede–emi -yhdistelmillä varmistaen teorian mukaisen ristipölytyksen toimivuuden.

Heteiden ja emien koon ja aseman vaihtelu varmistaa siitepölyn tarttumisen pölyttäjähyönteisiin juuri oikeisiin kohtiin hedelmöitettävän kukan emissä.

Ristipölytykseen päätyvä strategia toimii parhaiten kukissa, joissa emin vartalo on lyhyt ja sijaitsee syvällä torvimaisen teriön pohjalla. Kun siitepölyä vastaanottavat emiön luotit sijaitsevat mahdollisimman syvällä teriön torvessa – kuten rantakukalla – hyönteinen lähestyy emiötä aina juuri oikeassa asennossa.[16]

Darwinin johtopäätökset heteiden ja emien eri asentojen merkityksestä on sittemmin kokeellisesti varmistettu. Perusteellisimmat kokeet rantakukan eri kukkamuotojen ja ristipölytyksen onnistumisen välillä on tehnyt portugalilaisen Coimbran yliopiston tutkijan Joana Costan johtama tutkijaryhmä, joka myös osoitti useita aikaisempien risteytyskokeiden epäonnistumiseen johtaneita väärinkäsityksiä. Lisääntymiselinten erikokoisuudesta ja erilaisesta sijainnista sekä eriaikaisuudesta huolimatta itsepölytyskin on silti rantakukalla mahdollinen, joskin ristipölytystä harvinaisempi tapahtuma.[17]

Ristipölytyksen pitäisi olla varmistettu

Monimutkaisissa ja toiminnoiltaan tarkoituksenmukaisissa lisääntymiselimissään rantakukalla on kolmenlaisia kukkia: (1) kukat, joissa emin vartalo on pitempi kuin kahdessa sisäkkäisessä kiehkurassa (6 + 6) olevat 12 hedettä, (2) kukat, joissa sekä pitkät että keskipitkät heteet ovat pitempiä kuin emin vartalo ja

(3) kolmannessa tyypissä toisten heteiden varret (eli palhot) ovat emin vartaloa lyhyemmät ja toisen kiehkuran heteet puolestaan ulottuvat emin vartaloa korkeammalle.

Heteissä vaihtelee varren pituuden lisäksi myös väri. Pitkät heteet ovat vihreitä tai vihertäviä, keskipitkät likaisen kellertäviä, ja lyhyet heteet ovat väriltään keltaisia. Ristipölytyksen varmistaminen on rantakukalla ”lähes neuroottisen monimutkaisesti varmistettua”, sillä hedetyyppien tuottamat siitepölyhiukkaset ovat eri kokoisia ja erivärisiä, ja niiden sisältämä, hyönteisten himoitsema vararavintokin on eri tyypeissä erilaista.

Jotta ristipölytys olisi varmaa, erityyppiset siitepölyhiukkaset itävät ja hedelmöittävät emin vain toisen tyyppisessä kukassa. Ja koska yhdessä rantakukkayksilössä on kaikki kukat ovat samaa tyyppiä, hedelmöityksen ja siementuotannon pitäisi tapahtua vain toisessa kasviyksilössä – eli tavoite ristipölytykseen olisi onnistunut.[18] Osa rantakukista näyttää varotoimenpiteistä tuottavan siementä myös itsepölytyksen kautta, eli saman kukkayksilön heteiden tuottama siitepöly hedelmöittää oman kukan emin.

Itsepölytyskin mahdollinen

Rantakukan poikkeuksellista, eri pituisten emin luottien ja heteiden luonnehtimaa kukkaa on pidetty tehokkaana keinona estää kasvin geenivarojen yksipuolisuuteen johtavaa itsepölytystä. Kokeissa on kyllä osoitettu, että osittainen itsepölytys on rantakukalla mahdollista.

Kanadalaisen Toronton yliopiston tutkijat Christopher Balogh ja Spencer Barret osoittivat kaksi vuotta kestäneissä kokeissaan, että etenkin keskimittaisten heteiden siitepöly päätyy usein myös saman kukan emin luoteille, ja siten kasviyksilö pölyttää itse itseään. Kokeissa selvitettiin, onko kasvupaikan kosteusoloilla – ehkä tärkeimmällä kosteikkokasvia säätelevällä ympäristötekijällä – ratkaisevaa vaikutusta itsepölytyksen mahdollisuuteen ja toteutumiseen.

Koko tutkimusaineiston rantakukista noin 34 prosenttia tuotti siemeniä myös itsepölytyksen kautta, vaikka ristipölytys on vallitseva hedelmöittymiskeino. Kolmenlaisista kukista etenkin ne, joilla on keskimittaiset heteet, tuottivat muita kukkamuotoja enemmän siemeniä itsepölytyksen kautta.[19]

Itsepölytyksen kautta kehittyneiden yksilöiden jälkeläiset säilyttivät emokasvinsa ominaisuudet, toisin sanojen seuraavan sukupolven edustajien kukissa havaittiin keskimääräistä enemmän itsepölytystä. Kasvupaikan kosteusoloissa (kuiva vs. kostea) ei ollut vaikutusta itsepölytyksen esiintymiseen. Vakaan itsepölytysosuuden säilyminen osoittaa ilmiön olevan perinnöllisesti määräytyvää. Eri yhdyskunnista (klooneista) peräisin olevien rantakukkien välillä sen sijaan oli suurta vaihtelua itsepölytyksen esiintymisessä, mikä edelleen vahvistaa ilmiön geneettistä taustaa.

Tulokas varastaa pölyttäjiä

Uusille alueille levittäytyneet vieraslajit saattavat muuttaa alkuperäisen kasvin elinmahdollisuuksia myös epäsuorasti, houkuttelemalla kukkien pölytyksestä huolehtivat eläinvieraat omiin kukkiinsa alueen alkuperäiseen kasvistoon kuuluvan sukulaislajin sijasta. Rantakukka on ”syyllistynyt pölyttäjien varastamiseen” Pohjois-Amerikassa, jossa *Lythrum salicaria* kasvaa usein samoilla paikoilla kuin alueen alkuperäislajistoon lukeutuva lähisuku *Lythrum alatum.*

Ohiolaisen Kent State University -yliopiston tutkijan Beverly Brownin johtama ryhmä selvitti pölyttäjähyönteisten käyttäytymistä ja kukkasuosikkeja kokeessa, jossa molempia *Lythrum*-lajeja kasvatettiin sekä yksilajisina kasvustoina että molempien lajien yhteiskasvustoina. Kummasakin tapauksessa kasviyksilöiden tiheys (lukumäärä pinta-alayksikköä kohti) vaihteli.[20]

Kun *L. alatum* -kasvin yksilötiheyttä koealalla lisättiin, pölyttäjien vierailut yhtä kukkaa kohti vähenivät. Kasvukauden lopulla havaittiin kuitenkin, ettei kukkaa kohti tuotettujen siementen määrä ollut vastaavasti vähentynyt. Pölyttäjiä oli siis kaikissa oloissa riittävästi turvaamaan maksimaalinen lisääntymispanos kasvimäärän huomattavasta lisääntymisestä huolimatta. Mutta kun kahta *Lythrum*-lajia kasvatettiin sekakasvustoina, *L. alatumin* kukissa kävi huomattavasti vähemmän pölyttäjiä kuin lajin puhtaassa, yksilajisessa kasvustossa, ja myös kukkaa kohti kehittyvien siementen määrässä tapahtui selvää vähennystä.

Muutos oli seurausta hävitystä kilpailusta vieraslajina yhteisöön tunkeutuneen sukulaislajin houkuttelevampien kukkien kanssa.

Vieras heikentää alkuperäistä kasvistoa

Rantakukan voimakas kilpailukyky uusilla, lajille soveliailla kasvupaikoilla katsotaan vakavaksi uhaksi paikallisille kasvilajeille, mutta vaikutukset ovat vaihtelevia. Kanadan British Columbian yliopiston tutkijat Madlen Denoth ja Judith Myers tutkivat paikallisen, vain tällä seudulla tavattavan (endeemisen) *Sidalcea hendersonii* -kasvilajin menestystä, kun rantakukka oli alkanut valloittaa lajin asuttamia kosteikkoja. *Sidalcea* on malvakasvien heimoon kuuluva laji, jonka tiheät kukinnot ja punaiset kukat muistuttavat ulkonäöltään rantakukkaa.

Kahden, 20 vuoden välein samanlaisin menetelmin tehdyn seurannan tuloksissa todettiin alkuperäislajin kasvustojen yksilömäärien taantuneen noin puoleen lähtötilanteesta, ja samaan aikaan tulokaslaji rantakukan määrät olivat lisääntyneet 20 prosentilla. *Sidalcean* taantuma näkyy selvästi versoston kasvukunnon heikkenemisenä, mutta lajin pitkän aikavälin säilymisen ja levittäytymisen kannalta ensiarvoisen kukinnan runsauteen ja siementuotantoon rantakukan valloituksella ei ollut vaikutusta.[21]

Muukalaisrantakukan ja endeemisen lajin kilpailun mekanismeja ja vaikutuksia tutkijat selvittivät tarkemmin koeoloissa poistamalla endeemisen lajin lähistöltä sekä rantakukan että paikallisten kasvilajien yksilöitä. Naapuriyksilöiden poistaminen antaa kasville kasvutilaa, parantaa valaistus-, vesi- ja ravinneolosuhteita, joten harventaminen auttaa odotetusti jäljelle jätettyä kasvia. Mutta poistettujen kasvien lajilla ei näyttänyt olevan vaikutusta.

Endeemisen *Sidalcean* tilanteen parantuminen oli yhtä hyvää niin rantakukan poistuttua kuin poistamalla vastaava määrä alueen alkuperäistä lajistoa. Näiden tulosten perusteella tutkijat päättelivät, että paikallisesta, yksittäisiin kasviyksilöihin kohdistuvasta kilpailutilanteesta huolimatta rantakukka ei ole uhka endeemisen *Sidalcea hendersoniin* säilymiselle British Columbian kosteikoilla.

Rikas siemenpankki ei takaa rajatonta leviämistä

Yhdestä rantakukan yksilöstä kehittyy vuosittain jopa 2.7 miljoonaa pienikokoista siementä. Yksittäiset siemenet ovat kooltaan 200–400 mikrometriä (0.0002–0.0004 millimetriä) ja painoltaan 0.5–0.6 milligrammaa – eli yhteen grammaan mahtuu 5000–6000 siementä.[22]

Siemenet eivät kellu vedessä, mutta virtaukset kuljettavat lisääntymiskappaleita pitkiäkin matkoja. Pääosin rantakukan siemenet leviävät ilmavirtausten mukana sekä talvisin lumi- ja jääpeitteen pinnoilla. Valtavan siementuotannon tehoa lisää se, että siemenet voivat pysyä maaperässä itämiskykyisinä pari vuosikymmentä. Pienet ja kevyet siemenet tarttuvat helposti muun muassa vesilintujen jalkoihin ja höyheniin ja voivat kulkeutua eläinten mukana – ja samalla mekanismilla myös ihmisten jalkineissa ja kulkuneuvoissa – pitkiäkin matkoja uusille kasvupaikoille.

Ainakin 80 prosenttia siemenistä säilyy itämiskykyisinä vähintään 2–3 vuoden ajan. Eikä maaperäominaisuuksilla ole merkitystä, sillä rantakukan siemenet selviytyvät itämiskykyisinä erittäin happamista (pH 4) hyvin emäksiin (pH 9.1) olosuhteisiin. Yhdestä siemenestä kasvavaan yksilöön voi kehittyä 30–50 versoa. Tähkäkukinnon sadat kukat avautuvat vaiheittain parin kuukauden aikana, joten siitepöly- ja mesikausi on pitkä.

Valtavan siementuotannon lisäksi uusia alueita valloittava kasvi tarvitsee maaperään päätyneille siemenilleen itämiseen vaadittavat olosuhteet, jotka vaihtelevat suuresti lajeittain. Miljoonia rantakukan siemeniä luulisi löytyvän kaikkialta jo vakiintuneiden kasvistojen lähialueilta. Yhdysvaltalaisessa tutkimuksessa kosteikkokasvuston pintamaassa, pääosin ylimmän kahden senttimetrin kerroksessa, oli keskimäärin 410 000 rantakukan siementä.[23] Suuresta potentiaalisesta levittäytymiskyvystä huolimatta siemenet jäävät kuitenkin pääosin syntysijoilleen. Valtaosa rantakukan siemenistä laskeutuu maaperään alle kymmenen metrin säteellä emokasvista.[24]

Valtavasta siementuotannosta huolimatta rantakukan suvullinen leviämiskyky on jopa odottamattoman alhainen. Kanadalaisen Queen's-yliopiston tutkijan Heather Hagerin tutkijaryhmä selvitti lajin siementaimien määriä yhteensä kymmenellä rantakukan jo valtaamalla kosteikkoalueella ja vertasi eri lajien taimimääriä 11 ”rantakukasta vapaalla” kosteikkomaalla.

Rantakukan siemeniä ei löytynyt lainkaan monilta alueilta, joille laji ei ollut tutkimusaikaan asettunut. Osoittautui, että lähes rajattoman suurelta tuntuvasta siementuotannosta huolimatta rantakukan leviämiselle on rajoitteita. Toisaalta lajin siemeniä löytyi ja näistä myös kehittyi taimia kaikilla kasvittomilla alustoilla niissä rantayhdyskunnissa, joissa rantakukkaa oli jo vakiintuneena.[25]

Uusien siementaimien kehittymistä tutkijat tulkitsivat enemmän maaperä- ja muista ympäristöoloista kuin rantakukan siementen leviämisestä johtuvaksi. Ympäristöolojen merkitystä korosti havainto, jossa leveäosmankäämin (*Typha latifolia*) siemenistä kehittyi taimia, mutta rantakukan itäneet siemenet eivät kehittyneet taimiksi.

Erot kasvien kehityksessä johtuvat lajikohtaisista kasvun ominaispiirteistä, eivät lajienvälisestä kilpailusta, kanadalaistutkijat päättelivät. Kilpailu kosteikkokasvien siementaimien välillä on kyllä jatkuvaa ja voimakasta, mutta kamppailu tilasta ja resursseista on yhtä vahvaa kaikilla lajeilla.

Jo kasvuun lähteneiden ja asemansa vakiinnuttaneiden kasvien välinen kilpailu elintilasta kääntyy myöhemmin vankasti rantakukan puolelle. Kasvien lajistollinen monimuotoisuus on rantakukan dominoimilla kosteikoilla selvästi alhaisempi kuin niityillä, joille rantakukka ei ole vakiintunut.

Siementuotannon estäminen on toimivin ratkaisu pyrittäessä estämään rantakukan jatkuvaa ja ei-toivottua leviämistä Pohjois-Amerikassa, kanadalaistutkijat päättelevät.

Leviämisajankohta strateginen valinta

Kukkimisajankohdan ja siementuotannon ohella rantakukan leviämiskykyyn vaikuttaa siementen itävyys. Alle yhden millimetrin mittaisten, kevyiden siementen itävyys on amerikkalaisten lähteiden mukaan hyvä. Eri arvioinneissa siementen itävyydeksi mainitaan 50–100 prosenttia.

Kahden peräkkäisen kasvukauden seurannassa pohjoisamerikkalaisten rantakukkien siementen todettiin pysyvän kiinni emokasvissa pitkään kasvukauden lopulla. Siemenet vapautuvat ja lähtevät leviämään 6–8 viikon pituisen jakson kuluessa, kun ilman lämpötilan keskiarvo on alentunut alle 15 celsiusasteeseen.

Siementen itäminen tehostuu merkittävästi, kun ne ovat olleet kylmässä ja kosteassa ympäristössä. Itäminen tapahtuu vasta seuraavan kasvukauden alussa tai usein vuosia maaperässä siemenpankkina vietetyn lepoajan jälkeen.[26]

Itämiskyky on heikoimmillaan siemenissä, jotka ovat kypsyneet kasvukauden aikaisessa vaiheessa ja jotka eivät ole joutuneet kylmiin olosuhteisiin. Kasvukauden lopulla kypsyneet ja pitkään emokasvissa kiinni pysyvät siemenet saavat kylmäkäsittelyn jo ennen varisemistaan, joten näiden siementen itäminen on mahdollista jo saman kasvukauden aikana. Kypsien siementen pitäminen kiinni emokasvissa on rantakukalle edullinen strategia, joka varmistaa itämisen ajallisen porrastuksen kulloistenkin ilmasto- ja ympäristöolosuhteiden mukaan.[27]

Taimikaupasta vahinkoa luonnolle

Rantakukan asema haitalliseksi luokiteltuna tulokaslajina on tehnyt kasvista monissa Yhdysvaltain osavaltioissa lainsuojattoman. Rantakukan siirtäminen puutarhoihin sekä lajin taimien tai siementen myynti ovat kiellettyjä parissakymmenesä osavaltiossa. Kielloista ja suosituksista huolimatta kaunis-kukkaista kasvia suositaan koristekasvina, ja puutarhamyymälät ja -tukut vastaavat kysyntään runsaalla tarjonnalla –

kielloista huolimatta. Usein rantakukkaa pääsee puutarhoihin muiden taimien tai siementen mukana tahattomasti, muiden kasvien seurassa.

Minnesotan yliopiston tutkijat Kristine Maki ja Susan Galatowitsch selvittivät rantakukan saatavuutta ja ennen kaikkea tahattomasti muiden tilausten mukana puutarhoihin päätyvää vieraslajin yleisyyttä. Tutkijat tekivät 44 kukka- ja siementilausta kaikkiaan 34 vakiintuneelta puutarha-alan yritykseltä eri puolilta Yhdysvaltoja selvittääkseen, kuinka usein ja kuinka monen kielletyn lajin edustajia toimitettiin annettuun minnesotalaiseen osoitteeseen. Laittomia tai rajoitusten alaisia kasveja tuli lähes kaikissa tilauksissa.[28]

Peräti 92 prosenttia lähetyksistä sisälsi tilattujen kasvien lisäksi myös ei-toivottuja ja kiellettyjä kasveja tai kasvinosia. Haitallisiksi tai kielletyiksi kosteikkokasveiksi Minnesotassa luokitetuista kasveista tutkijoiden vastaanottamissa lähetyksissä olivat edustettuina meilläkin tutuista lajeista rantakukan lisäksi muun muassa sarjarimpi (*Butomus umbellatus*), kilpukka (*Hydrocharis morsus-ranae*) ja poimuvita (*Potamogeton crispus*).

Erityisesti vesi- ja kosteikkokasveja myyvien yritysten lähetyksistä 93 prosenttia sisälsi kasveja, joita ei oltu tilattu. Joka kymmenes lähetys sisälsi kasveja, joiden myynti ja toimittaminen Minnesotaan on lainvoimaisesti kiellettyä. Yleisin ei-toivottu ja tutkimuksen kohdealueella rajoitusten alainen laji oli meilläkin lähes kaikissa vesissä tavattava pikkulimaska (*Lemna minor*).

Asiantuntijoillekin tunnistamattomiksi jääneitä kasveja oli lähes joka viidennessä tilauksessa, ja ei-tilattuja siemeniä puolestaan löytyi 43 prosentissa lähetyksistä. Kiellettyjen lajien kauppa on vakava haitallisten ja ei-toivottujen vesi- ja kosteikkokasvien leviämistä edistävä tekijä Yhdysvalloissa, minnesotalaistutkijat päättelevät.

"Kaunis vintiö" – kiusallinen mutta rakastettava

Kielloista huolimatta kauniin rantakukan kauppa käy vilkkaasti Yhdysvalloissa. Näyttävän ja helppohoitoisen kukkakasvin suosion myötä luonnonvaraisesta lajista on kehitetty muunnoksia, jotka ovat perimältään lähtölajin kaltaisia – ja siten myös kiellettyjä. Suosion myötä rantakukasta ovat odotetusti kiinnostuneita puutarhaintoilijoiden ohella myös siemen- ja taimikauppiaat.

Rantakukkaa markkinoidaan laajalti ja näyttävästi mitä erilaisimpiin kohteisiin. Eikä muukalaisen aiheuttamaa ekologista vaaraa ole riittävästi tunnistettu tai ainakaan tunnustettu.

Vielä 1980-luvun alussa puutarha-alan asiantuntijat ja harrastajat kirjoittivat kasvista – tosin tunnustaen tulokkaan mahdolliset rikkakasviominaisuudet – värikkäillä ilmaisuilla kuten "kaunis vintiö". Toisin sanoen tulokkaan tiedettiin aiheuttavan ongelmia, mutta sellaiset pikku murheet tulee hyväksyä asiaan kuuluvina.[29]

Jalostetut lajikkeet risteytyvät ja leviävät luontoon

Puutarhakasveiksi jalostetut rantakukan lajikkeet on kehitetty ajatuksella, että nämä koristekasvit ovat steriilejä. Runsaskukkaiset ja kookkaat puutarharantakukat kuitenkin tuottavat normaalisti siitepölyä, joka hedelmöittää sekä jalostettuja että luonnossa kasvavia rantakukkia.

Lisääntymiskyvyttömiksi ja siten vaarattomiksi uskotut, risteytymien kautta syntyneet rantakukat ovat kiihdyttäneet tulokaslajin levittäytymistä pohjoisamerikkalaiseen luontoon.[30]

3

Ylivoimainen kilpailija

Yksilökoko on ratkaiseva

Lajienvälisten suhteiden muodostumisessa on tärkeää erottaa yksilöiden välistä kilpailua sekä maan päällä (versokilpailu) että maanpinnan alla (juuristokilpailu). Maanpäällisessä kilpailussa menestyvät erityisesti nopeakasvuiset lajit, joiden verso kehittyy muita kasveja korkeammaksi ja yksilömääriltään tiheämmäksi ja joiden lehvästön varjostus on laajaa. Maanalaisessa kilpailussa etenkin vaakasuoraan kasvavien maavarsien ja juurakoiden kasvunopeus ja määrä ratkaisevat, mikä tai mitkä kasvit pystyvät valtaamaan kasvutilaa.

Eriteltyjä tutkimuksia rantakukan ja muiden lajien erilaisista kilpailutilanteista on vähän, mutta ainakin laaja kanadalaisselvitys todistaa tulokaskasvin kasvullisesta voimasta. Ottawan yliopiston ekologian professori Paul Keddy on tutkijaryhmineen selvittänyt ja seurannut rantakukan historiaa ja menestystä useiden vuosien ajan.

Maastotutkimuksessa selvitettiin rantakukan ja *Carex crinita* -saralajin yksilöiden välistä maanpäällistä ja maanalaista kilpailua ympäristöoloiltaan vaihtelevalla gradientilla Ontariossa, Ottawa River -joen vesistöalueella. Vertailun ääripäinä olivat avoin, vain vähän kasviyksilöitä ylläpitävä hiekkaranta sekä toisessa päässä suojainen, hyvin runsaan kasvipeitteen hallitsema lahti. Tutkittuja näytealoja oli linjalla kaikkiaan 60, ja alojen kasveista mitattiin sekä versoston (maanpäällinen) että juuriston (maanalainen) biomassa.[31]

Eriteltäessä saran ja rantakukan biomassoja ympäristöoloiltaan vaihtelevissa mikrohabitaateissa lajienvälinen kilpailu voimistui suorassa suhteessa kasvibiomassan määrään. Kilpailun kannalta tärkeimmäksi – käytännössä ainoaksi – selittäjäksi osoittautui maanpäällisen eli versostobiomassan määrä (kasvin yksilötiheys ja massa).

Kilpailijoilta pois jopa 80 prosenttia

Kasvilajin kilpailukyvyssä muita samanlaisilla paikoilla menestyviä lajeja vastaan on syytä selvittää (a) mahdollisuus tukahduttaa tai syrjäyttää muita lajeja sekä (b) kestävyys muiden lajien aiheuttamaa painetta vastaan. Tällaisessa kokonaisvaltaisessa arvioinnissa rantakukka osoittautui ylivertaiseksi suorittajaksi.

Ottawan yliopiston tutkijaryhmä kasvatti kokeen ensi vaiheessa kolmen vuoden ajan yhteensä seitsemää kosteikkokasvia tavalla, jossa lajit muodostivat kukin oman yksilajisen kasvustonsa eli monokulttuurin. Toisessa vaiheessa kasvustoihin istutettiin 48 eri kosteikkokasvilajia, joiden selviytymistä monokulttuureissa seurattiin neljän kuukauden ajan. Koejakson lopulla mitattiin kunkin siirretyn kasvin pituuskasvun ja versoston biomassan arvot sekä yhdessä monokulttuurinlajin kanssa että kontrollina muuten vastaavissa oloissa yksin kasvaneina.

Yhtenäisen kasvuston tukahduttava vaikutus on looginen ja odotettu. Kaikkien tiiviiden monokulttuurien negatiivinen vaikutus vähensi siirrettyjen lajien kasvua ja tuotantoa alle puoleen kunkin lajin optimikasvusta (kasvatusta ilman kilpailua). Tiiviissä, vakiintuneessa kasvustossa rantakukan negatiivinen vaikutus 48 eri kosteikkokasvin hyvinvointiin oli selvästi suurin.[32]

Rantakukka sekä vähensi muiden lajien kasvua että aiheutti muiden koelajien surkastumista kokeen aikana enemmän kuin yksikään muista tutkituista, jopa rantakukkaa kookkaammista kasveista. Enimmillään rantakukka alensi muiden kosteikkokasvien tuotantoa yli 80 prosentilla.

Luonnossa kilpailu erilaista kuin koeoloissa

Rantakukan kotiutuminen ja vakiintuminen ei aina johda kosteikkoyhteisön kasvilajiston yksipuolistumiseen, vaikka voimakkaana kilpailijana tunnettavaa tulokasta yleensä pidetään muille lajeille hyvin vahingollisena. Valvotuissa koeolosuhteissa todettu rantakukan kyky tukahduttaa muita kosteikkokasveja on varmasti oikea, mutta luonnossa kilpailutilanne voi olla tyystin erilainen.

Kanadalaisen University of Regina -yliopiston tutkijat Heather Hager ja Rolf Vinebrooke analysoivat kosteikkokasvien suhteita kymmenellä kasvupaikalla Yhdysvaltain Minnesotassa. Tutkimuksessa verrattiin kasvilajiston monimuotoisuutta rantakukan hallitsemilla kasvupaikoilla ja osmankäämien (*Typha* spp.) dominoimilla paikoilla.

Suorassa kosketuksessa – ”kamppailussa mies miestä vastaan” – kasviyksilöiden kasvaessa lähellä toisiaan rantakukka oli kiistatta muita lajeja vahvempi ja saavutti valta-aseman. Mutta ympäristöoloiltaan vaihtelevissa kosteikoissa rantakukan todettiin asettuvan hyvin erilaisiin kasvupaikkoihin, ja mikrohabitaattien vaihtelun seurauksena laji esiintyy osana mitä moninaisimpia kasvustoja.

Tutkimuksen yllättävä johtopäätös olikin, että kasvillisuuden monimuotoisuus voi olla korkeimmillaan yhdyskunnissa, joissa rantakukka on yhtenä osakkaana.[33]

Kasvu voimistuu uudessa ympäristössä

Jo yli 150 vuotta Pohjois-Amerikassa kasvanut rantakukka on kehittynyt Uudella mantereella erityisen voimakkaaksi. Etenkin runsasravinteisilla ja kosteilla kasvupaikoilla lajin amerikkalaiset kannat poikkeavat huomattavasti eurooppalaisista lajikumppaneistaan. Yhdysvaltalaisen Wisconsinin yliopiston ja Tshekin tiedeakatemian tutkijoiden vertailussa Amerikkaan kotiutuneiden rantakukkien ja lajin alkuperäisistä, Keski-Euroopan kasvustoista tehdyt mittaukset osoittivat tulokkaiden kehittyneen kilpailullisesti voimakkaammiksi kuin lähtöalueensa kasvit.

Kilpailukyvyn kehittymistä ennustavan hypoteesin mukaan Amerikkaan kotiutuneiden rantakukkien olettaisi olevan kasvutavoiltaan voimakkaampia, koska näillä on vähemmän luontaisia biologisia vihollisia kuin eurooppalaisissa kasvustoissa. Teoreettisena oletuksena olisi, että muukalaisina Amerikkaan kotiutuneilla rantakukilla verson koko ja kasvuston tiheys, kasvin tuotanto ja biomassa sekä hedelmällisyys ja siementuotanto olisivat parempia kuin eurooppalaisilla kantamuodoilla.

Oletusta testattaessa monet ennustukset osoittautuvat hypoteesin mukaisiksi. Amerikkalaisissa kasvustoissa rantakukan versoston tiheydet ovat keskimäärin suurempia kuin Euroopassa fyysisesti ja ilmastollisesti samanlaisilla kasvupaikoilla esiintyessään. Kasvien verson pituudet ja painot ovat sen sijaan jokseenkin yhteneväiset useimmilla elinpaikkatyypeillä, varsinkin kosteilla alustoilla kasvaessaan.

Hedelmällisyydessä Amerikkaan kotiutuneet rantakukat ovat selvästi eurooppalaisia lajikumppaneitaan tehokkaampia. Kukkivien versojen osuus kaikista kasveista on tulokkailla selvästi suurempi kuin eurooppalaisilla rantakukilla useimmissa lajille soveliaissa elinpiireissä. Kasville epäedullisilla ja epätyypillisillä karuilla hiekkamailla eroa ei kuitenkaan havaita.

Lajin leviämiskyvyn kannalta keskeinen siementuotanto on tulokasyhdyskunnissa huomattavasti suurempi kuin lajin eurooppalaisissa kasvustoissa. Etenkin runsasravinteisilla kosteikoilla – rantakukan tyypillisimmissä elinpiireissä – lajin siementuotanto on amerikkalaisissa populaatioissa ylivertainen verrattuna lajin kotiseutujen kasvustoihin. Yhdysvaltalaisissa kasvustoissa rantakukka tuottaa jokaisessa hedelmässä keskimäärin 89–103 siementä, kun eurooppalaisissa populaatioissa vastaava määrä on 58–64 siementä hedelmää kohti.[34]

Runsaan siementuoton todellinen merkitys korostuu vielä lisää, kun mukaan otetaan luontoon todella leviävien siementen määrät. Eurooppalaisissa kasvustoissa rantakukan hedelmiä ja siemeniä syövät monet kasvinsyöjäeläimet (herbivorit), mutta pohjoisamerikkalaisissa kasvustoissa rantakukalla ei ole lainkaan kasvinsyöjiä vastuksenaan.

Runsasravinteisen kasvupaikan vaikutus rantakukan kasvuun tuli ilmi myös korealais-yhdysvaltalaisessa kokeellisessa tutkimuksessa. Kokeissa tulokaskasvien verson pituuskasvu oli hitaampaa, mutta lopulta kasviyksilöt kasvoivat pitemmiksi kuin alkuperäisten populaatioiden yksilöt. Tulokkaiden versojen morfologia poikkesi alkuperäiskasvuston yksilöistä. Suuremman pituuden ohella tulokasrantakukkien versoihin kehittyi enemmän haaroja ja niiden lehdet olivat suurempia kuin alkuperäispopulaation rantakukilla.[35]

Uusien kasvupaikkojen valloituksessa tärkeää on siementuotannon ohella myös kasvullinen – juurten ja juurakoiden, irronneiden verson osien tai itusilmujen kautta tapahtuva – lisääntyminen. Koeoloissa tulokaspopulaatioiden rantakukkien kasvullinen lisääntyminen ja levittäytyminen olivat tehokkaampia kuin alkuperäisen luontaisen populaation yksilöillä.

Pienetkin populaatiot vakaita

Rantakukan erikoinen, eri pituisten heteiden ja emien muodostama rakenne on harvinainen luonnossa. Rakenteen tarkoituksena on estää itsepölytyksen mahdollisuus, mikä edellyttää rakenteen pysyvyyttä myös vaihtuvissa oloissa. Ristipölytyksen seurauksena kasvit kuitenkin saavat jatkuvasti uudenlaista geeniainesta, ja vähittäiset muutokset ovat väistämättömiä. Vanhastaan on arvioitu, että kolmen eri pituisen heteen toimintaan perustuvan monimutkaisen rakenteen säilyminen edellyttää riittävän suurta populaatiota.

Kolmiheteisen kukkarakenteen pysyvyyttä on tutkittu myös Suomessa. Jo 1970-luvulla Helsingin yliopiston tutkijat Olli Halkka ja Liisa Halkka selvittivät erillisten, 16 saarella eläneiden rantakukkapopulaatioiden kukkarakenteiden yhdenmukaisuutta. Tutkimus osoitti, että kolmiheteinen rakenne toistui kaikilla toisistaan erillisillä saarilla samankaltaisena. Johtopäätös oli, että saarten välillä täytyi tapahtua geenivaihtoa – eli pölytystä populaatioiden välillä suurista etäisyyksistä huolimatta.[36]

Omissa mallikokeissaan norjalainen, Bergenin yliopiston sovelletun matematiikan tutkija Ivar Heuch totesi, että kolmiheteinen kukkarakenne voi säilyä vakaana, vaikka populaation yksilömäärä olisi niinkin alhainen kuin 20 kasvia. Jos populaatio kutistuu tätä pienemäksi, kukan morfologia alkaa hiljalleen muuttua. Ensimmäisenä katoavat lyhimmät heteet, joiden muodostumista säätelevää geeniä on vain lyhytheteisissä yksilöissä.[37]

Kukinta aikaistuu El Niño -vuosina

Tulokaskasvin mahdollisuudet valloittaa uusia elinpiirejä paranevat sitä enemmän, mitä paremmin laji sopeutuu ympäristön äkillisiin ja ennalta-arvaamattomiin muutoksin. Koko maapallon ilmasto-oloja säätelevät ja huomattavia muutoksia aiheuttavat El Niño -sääilmiöt ovat toistuvia, mutta niiden ilmaantuvuus on epäsäännöllistä.

Seitsemän vuoden sykliä pidetään sääilmiön tavanomaisena aikatauluna, mutta tapahtumien ilmaantumisessa on paljon vaihtelua. Rantakukka näyttää olevan geneettisesti erinomaisesti sopeutunut yllättäviin ja epänormaaleihin ilmasto- ja sääoloihin.

Kanadassa tutkittiin rantakukan kasvuaikataulua ja kukinnan onnistumista erittäin voimakkaan El Niño -vuoden 1998 aikana. Samanlainen tutkimus oli toteutettu Toronton läheisyydessä sijaitsevilla North Bay -kosteikoilla kasvukaudella 1997, jota voi pitää "normaalivuotena" tutkimusalueella.[38]

Vuoden 1998 El Niño/Southern Oscillation Event (ENSO) -sääilmiö oli hyvin voimakas, ja tuon vuoden keskilämpötilat olivat normaalia korkeammat, ja saman aikaan sademäärät olivat keskimääräistä alhaisemmat. Rantakukan reaktiot näihin kasvuoloja merkittävästi määrääviin muutoksiin olivat selvästi havaittavissa – ja lopputuloksiltaan kasville myönteisiä.

Poikkeuksellisen lämmin kevät sai rantakukan aloittamaan kukinnan keväällä 1998 keskimäärin 14 vuorokautta aikaisemmin kuin normaalivuotena 1997. Vastaava muutos havaittiin kasvullisen verson tuotannossa. El Niño -vuotena rantakukan biomassan tuotanto painottui normaalia vahvemmin heti kasvukauden alkuun. Koko kesän tuotantoon kevään aikaistumisella ei sen sijaan ollut merkittävää vaikutusta.

Kasvukauden aikana tuotettu versoston (maanpäällisten osien) kokonaisbiomassa, tähkäkukintojen pituus ja kukintojen biomassa sekä syksyinen lakastuminen olivat yhteneväiset normaalina ja El Niño -vuotena. Kasvin kehityskierron aikataulun muutoksella poikkeusoloissa voi olla merkittävä vaikutus rantakukan menestymiseen, jos kasvun ja kukinnan aikaistuminen onnistuu paremmin kuin samoilla alueilla tavattavien, samoista resursseista kilpailevilla kasvilajeilla.

Valttina nopea elinkierron evoluutio

Euroopasta Pohjois-Amerikkaan kulkeutunut tai siirretty rantakukka on muodostunut Uudella mantereella todelliseksi maanvaivaksi, joka valloittaa uusia alueita ja syrjäyttää alkuperäistä rantojen ja kosteikkojen kasvistoa huolestuttavan nopeasti. Tulokkaan leviämistä on vuosikymmenien kuluessa pyritty hillitsemään mekaanisesti kitkemällä, myrkyttämällä sekä kotiuttamalla eurooppalaisia tuhohyönteisiä rantakukan kasvustoihin. Paljon työtä ja rahaa vaatineilla torjuntatoimilla on saatu aikaan vain paikallista menestystä, ja rantakukka jatkaa valloitustaan.

Tulokkaan menestyksen syyksi on päätelty kasvin luontaisten vihollisten – eli kasvinsyöjäeläinten – puuttuminen, mutta tärkeintä näyttää olevan rantakukan sisäinen, kehityskiertoa nopeuttanut evolutiivinen kehitys. Rantakukan kukinnan aikataulu on muuttunut noin 50 vuodessa, mikä on evolutiivisen kehityksen kannalta erittäin lyhyt ajanjakso.

Kanadalaisen Toronton yliopiston Ekologian ja evoluutiobiologian laitoksen tutkijat Robert Colautti ja Spencer Barrett esittävät *Science*-tiedelehdessä julkaistussa tutkimuksessaan miten rantakukan elinkierron – ennen kaikkea kukkimisen – aikataulu on muuttunut paikallisiin olosuhteisiin sopivaksi. Tutkijat vertasivat rantakukan menestymistä Pohjois-Amerikan itärannikolla noin 1 000 kilometrin etelä–pohjois -suuntaisella vyöhykkeellä sekä suorin maastohavainnoin että kokeellisin tutkimuksin.

Kokeisiin kerättiin rantakukan siemeniä kolmelta vyöhykkeeltä: (a) tulokaslajin pohjoisamerikkalaisen esiintymisalueen eteläisimmistä yhdyskunnista, (b) lajin pohjoisimmista esiintymistä sekä (c) näiden puolivälissä tavattavista yhdyskunnista. Kasvatuskokeissa selvitettiin kunkin kolmen alkuperän siemenistä kehittyvien rantakukkien kehitysaikataulua siementen itämisestä kukinnan alkuun, ja lisäksi määritettiin kasviyksilöiden koko sekä kasviyksilöä kohti laskettu siementen lukumäärä. Paikallinen sopeutuminen erosi pohjoisten ja eteläisten rantakukkien välillä, ja erot olivat lajin menestymiselle sekä tulevaisuuden potentiaaliselle leviämiselle tarkoituksenmukaisia.

Pohjoisen kannan siemenistä pohjoisiin oloihin sovitetuissa ympäristöoloissa kasvatetut rantakukat kehittyivät kukkimisasteelle noin kolme viikkoa nopeammin kuin eteläisempiä oloja vastaavissa kasvatusoloissa. Nopeutuneella kasvatuskierrolla on myönteinen vaikutus rantakukan siementuotantoon. Aikainen kukkiminen on pohjoisissa, lyhyen kasvukauden oloissa edullinen ominaisuus, koska tällöin muun muassa hyönteispölyttäjien määrä on maksimissaan juuri kasvin kukinnan aikaan. Nopeutuneen elinkierron ansiosta rantakukka tuottaa lajin pohjoisimmilla kasvupaikoilla jopa 20–30 kertaa enemmän siemeniä kuin eteläisemmissä olosuhteissa, joissa kasvutahti on verkkaisempi.

Toisaalta eteläisiin oloihin sopeutuneet, eteläisistä kasvustoista kerätyistä siemenistä kehittyneet rantakukat kasvoivat hitaammin – mikä on pitkän kasvukauden olosuhteissa tarkoituksenmukainen strategia. Pitkän kasvuajan ansiosta yksilöt kasvavat merkittävästi suuremmiksi kuin pohjoisissa oloissa, ja myös kasviyksilöiden suvuton, juurakoiden avulla tapahtuva leviäminen on tehokasta. Pohjoisilla esiintymisalueillaan rantakukka ei ehdi kasvattaa laajoja juurakkojärjestelmiä, ja siksi lyhyen kasvukauden oloissa runsas kukkiminen on evolutiivisesti tarkoituksenmukainen kasvustrategia.[39]

Oma sopeutuminen tärkeintä menestykselle

Toisessa tutkimuksessa selvitettiin lajienvälisiä eroja ilmastonmuutoksen myötä toteutuviin lämpötila- ja kosteusolosuhteiden muutoksiin. Vertailussa pohjoisamerikkalaista alkuperäisflooraa edusti *Boechera stricta*, jonka reaktioita ja sopeutumista verrattiin rantakukan populaatioihin. *Boechera* on ristikukkaiskasvien heimoon kuuluva, meikäläisten pitkäpalkojen (*Arabis*) kaltainen laji. Mallitutkimuksen aineistona käytettiin useita, pitkän ajanjakson kattavia selvityksiä näiden kahden lajin fenologisista, kasvun aikatauluun liittyvistä ominaisuuksista.

Julkaistujen tutkimustulosten ja mallin perusteella ilmastonmuutos aiheuttaa merkittäviä muutoksia siemenkasvien kukkimisaikatauluun, joka puolestaan on tärkeä tekijä kasviyksilöiden ja -lajien sopeutumisessa vuotuiseen elinkiertoon. Tässä suhteessa vertaillut lajit eroavat selvästi toisistaan.

Kun lämpötilat nousevat, *Boescheran* kukkiminen aikaistuu, minkä voi olettaa johtavan populaatioiden elinkyvyn heikkenemiseen, vaikka laji geneettisten ominaisuuksiensa puolesta pystyisi sopeutumaan uusiin olosuhteisiin. Rantakukalla kukinnan alkamisajankohta viivästyy, ja pitemmän kasvukauden seurauksena lajin populaatioiden pitkän aikavälin kilpailukyvyn ja elinvoiman voi olettaa paranevan ilmastonmuutoksen myötä muuttuvissa olosuhteissa.

Kasvu- ja kukkimisaikataulujen tarkoituksenmukainen sopeuttaminen paikallisiin olosuhteisiin on kanadalais-tutkijoiden mukaan rantakukalle huomattavasti tärkeämpi menestyksen takaaja kuin se, ettei lajilla ole pohjois-amerikkalaisissa oloissa samanlaisia kasvinsyöjävihollisia kuin alkuperäisillä esiintymisalueillaan Euroopassa.

Kasvien elinkiertostrategioiden tunteminen ja erityisten sopeutumismekanismien ja kehityksen nopeuden tunteminen on erittäin tärkeää nykyisissä oloissa, joissa ympäristömuutokset – etenkin maailmanlaajuisen ilmastonmuutoksen eteneminen – luovat jatkuvasti muuttuvia kasvu- ja kilpailuolosuhteita sekä luonnonvaraisille että ihmisen mukana tai omin voimin uusille alueille levittytyville tulokaslajeille.[40]

Sopeutuminen laajaan vaihteluun

Uusille alueille levittäytyvän eliölajin on sopeuduttava paikallisiin ilmasto-, maaperä-, vesitalous- ja ravinne-olosuhteisiin sekä paikan alkuperäisen lajiston aiheuttamaan kilpailuun. Mitä suurempia erot lähtöpaikan ja uuden elinpiirin välillä ovat, sitä joustavampia biologisia sopeutusmekanismeja tulokkaalta vaaditaan. Kerran vakiinnuttuaan tulokas yleensä lähtee laajentamaan elinpiiriään ja levinneisyysaluettaan, mikä voi taas edellyttää uudenlaista sopeutumiskykyä.

Erityisen selväsi sopeutumisvaatimukset ilmenevät tulokaslajien levittäytyessä etelä–pohjoissuunnassa, jolloin sekä ilmastolliset olosuhteet että päivän pituudet vaihtuvat. Elinolosuhteiden vaiheittainen muutos edellyttää tulokaslajilta muuntumiskykyä niin kasvun kuin lisääntymiseen liittyvien toimintojen aikatauluissa.

Kanadalaisen Queen's University -yliopiston professorin Christopher Eckertin tutkijaryhmä selvitti rantakukan sopeutumiskyvyn kehitystä kasvattamalla 25 eri lähtöpaikoilta kotoisin olevia kasveja yhtenäisissä kasvihuoneissa.

Koeloissa rantakukalla havaittiin selvä kasvupaikan maantieteelliseen sijaintiin liittyvä vähittäinen muuntelusarja sekä kukinnan aloittamisajan että kukinnon koon suhteen. Vakioiduissa olosuhteissa kasvatetuilla rantakukilla pohjoisemmilta paikoilta olevat yksilöt aloittivat kukinnan aikaisemmin, ja kukinnon koko jäi pienemmäksi kuin eteläisemmiltä seuduilta kotoisin olevien populaatioiden rantakukilla. Vastaava tulos on havaittu myös rantakukan pohjoisamerikkalaisissa luonnonpopulaatioissa.[41]

Pohjoisten populaatioiden rantakukkien aikaisin aloitettu kukinta johti muita populaatioita pienempään siementuotantoon – ja siten tietysti myös alempaan lisääntymispotentiaaliin. Siementuotannon alentuminen ei selvityksen mukaan johdu perinnöllisistä eroista kukinnan ajankohdassa tai kukintojen koossa. Tulosten perusteella kanadalaistutkijat toteavat, että noin 150 vuodessa rantakukalle on kehittynyt Uuden mantereen vaihteleviin olosuhteisiin sopeutunut, vähittäin muuntuva sarja (biologisessa terminologiassa *kliini*) kehityskierron ominaisuuksia, joita ilmastolliset erot edellyttävät.

Rantakukka ei myrkytä kilpailijoitaan

Yhtenäisiä monokulttuurikasvustoja muodostavat kasvit voivat saavuttaa valta-aseman kemiallisen sodankäynnin välinein eli myrkyttämällä maaperää yhdisteillä, jotka estävät muiden lajien siementen itämisen tai juuriston kehittymisen. Tällaista *allelopatiaksi* kutsuttua ilmiötä on arvioitu yhdeksi hyvin aggressiivisesti uusia alueita valloittavan rantakukan kilpailukeinoksi. Japanilaisessa kokeellisessa tutkimuksessa selvitettiin rantakukan ja kolmen muun yleisen rantakasvin (järviruoko, *Phragmites japonica* -ruokolaji sekä leveäosmankäämi) ympäristöönsä vapauttamien, siementen itämiseen vaikuttavien yhdisteiden vaikutuksia.

Kontrollina toimineiden, puhtaasti yhden lajin siemenvalikoimien ohella kokeessa selvitettiin kasviyhdistelmien vaikutusta kunkin lajin siementen itämiskykyyn. Rantakukalla ei ollut allelopatiaan viittaavia piirteitä – ja itse asiassa muiden lajien siemenet itivät jopa paremmin rantakukan kuin minkään muun vertailulajin yhteydessä kasvaessaan.[42]

Kaukaiset risteytymiset lisäävät elinvoimaa

Eri alkuperää olevien yksilöiden väliset risteytymisen luovat uusia perintötekijöiden, geenien, yhdistelmiä, jotka ovat usein biologisesti edullisempia kuin kantamuotonsa. Eriperintäiset eli heterotsygoottiset eliöt lisäävät yhteisöjen geneettistä monimuotoisuutta ja parantavat lajin mahdollisuuksia selviytyä muuttuvissa olosuhteissa. Usein risteytymiset parantavat lajin biologista kilpailukykyä muita lajeja vastaan. Eri populaatioista kotoisin olevien yksilöiden risteytymisten on sanottu parantavan tulokaslajien levittäytymistä uusille alueille.

Risteytymisen vaikutusta rantakukan elinvoimaan ja leviämiskykyyn selvitettiin saksalaisen Tübingenin yliopiston tutkijan Jun Shin johdolla toteutetuissa kokeissa, joissa kohteena oli useita eri alkuperää olevia populaatioita sekä lajin alkuperäisiltä eurooppalaisilta kasvupaikoilta että uudelta levinneisyysalueelta Pohjois-Amerikasta. Odotusten mukaisesti risteytymisten kautta syntyneet uudet geeniyhdistelmät johtivat parantuneeseen kasvuun ja kasvin elinvoimaan (*heteroosiin*).[43]

Tulos oli odotettu siksi, että rantakukalla on ajallisesti pitkä esiintymishistoria paitsi alkuperäisillä Euroopan levinneisyysalueilla myös jo reilun puolentoista vuosisadan historia Uudessa maailmassa. Pohjois-Amerikkaan rantakukka on kotiutunut useissa vaiheissa ja eri paikkoihin asettuneiden populaatioiden kautta. Siksi eri kantojen väliset risteytymät ovat aiheuttaneet heteroosi-ilmiötä luonnossakin.

Eri kantojen väliset risteytymät paransivat rantakukan ominaisuuksia kuitenkin vain tapauksissa, joissa lisääntyvien osapuolten esiintymisalueet olivat selvästi erillisiä. Sen sijaan maan-tieteellisesti jopa hyvin laajalle alueelle levittäytyneiden mutta samasta alkuperästä olevien kantojen välisissä risteytyksissä heteroosia eli ominaisuuksien paranemista ei todettu.

Tulokset osoittavat, että pitkän esiintymishistorian kulussa luonnossa tapahtuva geeniyhdistelmien monimuotoistuminen on edennyt pitkälle. Eri seuduille ja eri aikoina Pohjois-Amerikkaan tulleiden kantojen välisissä risteytyksissä heteroosi on edelleen voimakasta, joten muukalaiskasvin elinvoima voi yhä parantua lajinsisäisen risteytymiskehityksen ansiosta.

Uudet sukupolvet parantavat perimää

Pitkään samoilla paikoilla kasvaneiden kasvipopulaatioiden geneettinen monimuotoisuus voi vuosien saatossa ”laimentua”, eli yksilöiden väliset, muuttuviin oloihin sopeutumista auttavat vaihtelut vähenevät ajan myötä. Lajille on eduksi, jos yhdyskuntaan tulee ulkopuolista geeniainesta esimerkiksi siementen kaukokulkeutuman tai tahallisten taimisiirtojen välityksellä.

Erilaisiin oloihin sopeutuneiden rantakukkien risteytymien ominaisuuksia tutkittiin saksalais-hollantilaisissa, toisistaan poikkeaviin oloihin sopeutuneiden populaatioiden risteytyskokeissa. Kahden peräkkäisen sukupolven jälkeen ei havaittu mainittavaa paikallisiin oloihin sopeutuneiden perinnöllisten ominaisuuksien heikkenemistä, vaan päinvastoin uudet geeniyhdistelmät toivat lajille positiivisia ominaisuuksia – aivan kuten luonnonvalinnan teorian mukaan olisi odotettavissakin.[44]

Kokeissa erilaisilta alueilta kotoisin olevien rantakukkien jälkeläisten kasvu- ja lisääntymisominaisuudet olivat paremmat kuin yhdelläkään lähtötason populaatiolla. Versoston kasvu ja siementuotanto parantuivat sitä enemmän, mitä kauempaa tai mitä erilaisemmista olosuhteista risteytyvät kasvit olivat kotoisin.

4

Leviäminen poikkeuksellisen nopeaa

Massachusetts 1831, Louisiana 2018

Rantakukan etenemistahti Pohjois-Amerikassa on ollut paljon rivakampaa kuin useimmilla muilla samankaltaisilla kasvupaikoilla viihtyvillä tulokkailla. Esimerkiksi kapeaosmankäämi (*Typha angustifolia*) sekä tämän ja leveäosmankäämin risteytymänä syntynyt *T. glauca* ovat edenneet itärannikolta puolessatoista vuosisadassa "vain" mantereen keskiosiin. Rantakukka puolestaan ehti länsirannikolle Kaliforniaan ja Kanadan British Columbian eteläosiin saakka reilussa 60 vuodessa.

Yhdysvaltain maatalousministeriön tiedostojen mukaan rantakukka tavattiin ensimmäisen kerran itärannikolla Massachusettsin osavaltiossa vuonna 1831. Matka mantereen poikki oli nopea, sillä länsirannikon Kaliforniasta tulokas rekisteröitiin ensimmäisen kerran jo vuonna 1895. Valloitusretki on edelleen käynnissä, ja viimeisimmän uuden osavaltion rantakukka sai levinneisyyskarttaansa vuonna 2018, jolloin laji tavattiin ensimmäisen kerran Louisianassa, liittovaltion etelärannikolla.[45]

Nopean levittäytymisen selityksenä ovat ennen kaikkea suuri siementuotanto ja lajin tehokas kyky uusiutua myös kasvullisesti juuriston tai verson kappaleista. Paljon puhuttu ilmaston lämpeneminen hyödyttää rantakukkaa, mutta tärkeä tekijä on myös maaperäominaisuuksien muutos.

Minnesotan yliopiston professorin Susan Galatowitschin tutkijaryhmän selvityksessä tutuista kosteikkojen tulokkaista osmankäämiristeymän ja ruokohelven (*Phalaris arundinacea*) levittäytymistä ovat edistäneet eniten hydrologiset eli kasvupaikkojen vesitalouden muutokset, kun taas järviruoko ja kapeaosmankäämi ovat hyötyneet alkuperäisen amerikkalaisen lajiston edustajia enemmän ympäristön ravinteisuuden ja suolapitoisuuden muutoksista.[46]

Rantakukan poikkeuksellisen menestymisen tärkeimpiä selittäjiä ovat herbivorian puuttuminen eli välttyminen kasvinsyöjiltä sekä uusia suotuisia geeniyhdistelmiä synnyttäneet risteytymiset eri lähtöpaikoilta tulleiden populaatioiden kesken.

Maantiet etenemisväylinä

Rantakukan nopeaa leviämistä edistää suuren siementuotannon ohella se, että ihminen on omilla toimillaan lisännyt lajille sopivia kasvupaikkoja. Kosteina pysyviä ja usein saumattomasti toisiinsa liittyviä painanteita on lähes jokaisen maantien varsilla, ja yhtenäiset valtaväylät ovatkin auttaneet rantakukan valloitusretkellä.

Liittovaltion kalastus- ja riista-asioista huolehtivan keskusviraston (*US Fish and Wildlife Service*) tutkija Douglas Wilcox selvitti rantakukan levittäytymistä New Yorkin osavaltion poikki itä–länsi -suunnassa Albanysta Buffaloon ulottuvan New York State Thruway -valtatien reunoilla. Tulokaslajin esiintymät kartoitettiin tien molemmin puolin, ja lisäksi paikannettiin lajin yhtenäiset kasvustot tien lähistöllä.

Kartoitus osoitti, että rantakukan vakiintuneiden kasvustojen tiheydet vaihtelivat suhteessa etäisyyteen itärannikosta eli muukalaisen ensimmäisiltä kotiutumispaikoilta. Yksittäisten esiintymispaikkojen sijainti ja keskinäiset etäisyyssuhteet osoittivat, että lajin eteneminen idästä länteen tapahtuu lyhyin askelin. Lajille sopivia kosteita painanteita on valtatien varsilla paljon, mutta tulokaskasvi näyttää valloittaneen uusia alueita ”lätäkkö lätäköltä edeten”, vaikka kasvin hyvin pienikokoisten siementen luulisi voivan kulkeutua pitkiäkin matkoja uusille kasvupaikoille.[47]

Paikallista, valtatien maastokäytävän myötäisesti etenevää leviämistä edistävät Suuriin järviin kuuluvan Ontario-järven eteläpuolella sijaitsevan *Montezuma National Wildlife Refuge* -suojelualueen laajat ja rehevät rantakukkayhdyskunnat.

Valtatien ojissa kapeina nauhoina kohti länttä etenevän tulokaskasvin torjunta olisi näillä kasvupaikoilla luultavasti helpompaa kuin useimmilla muilla rantakukalle ominaisilla kasvupaikoilla. Wilcoxin mukaan niittäminen ja kokonaisten kasvien kitkeminen maasta olisivat tehokkaimmat keinot hidastaa muukalaisen ei-toivottua leviämistä.

Kyky selviytyä vedessä

Vesi- ja rantakasvien juuret ja juurakot ovat yleensä valtaosan ajasta ilmakehän happivarantojen ulottumattomissa, joten välttääkseen biologisille toiminoille elintärkeän hapen loppumisen kasvin on kyettävä siirtämään happea. Erikoistunein muoto ovat joillakin lajeilla ja suvuilla tavattavat lisä- tai ilmajuuret, joiden tehtävä on ainoastaan hapen hankkiminen ja toimittaminen maanalaisiin kasvinosiin. Enemmistöllä kosteiden kasvupaikkojen kasveista varsien solukoissa on rakenteita, joiden kautta happi pystyy siirtymään.

Rantakukalla on kasvikunnassa yleisimmin vain puuvartisilla lajeilla luonteenomaista korkkisolukkoa, jonka kautta happi siirtyy ilmakehästä maan tai pohjasedimenttien alle juurakoiden ja juurten käyttöön. Välittömästi varren ja juuren pintasolukon alla sijaitseva korkkikerros koostuu kuolleista, runsaasti onteloita sisältävistä soluista, joissa ilma pääsee virtaamaan.

Kanadalaisessa kokeellisessa tutkimuksessa testattiin, miten korkkisolukon yhtenäisen ilmankuljetuskanavan katkeaminen vaikuttaa rantakukan kasvuun.[48]

Jos korkkikerros vaurioituu, rantakukan pituuskasvu ja verson painon kehitys hidastuvat, ja yksilöillä maanalaisten osien biomassan osuus verrattuna ilmaverson massaan pienenee. Korkkikerros vaikuttaa rantakukan morfologiseen rakenteeseen ja kasviyksilön kokoon, millä on varmasti vaikutusta lajienvälisessä kilpailussa. Ilmankuljetusmekanismi turvaa rantakukan kasvumahdollisuudet myös pitkään jatkuvien tulvien aikana, jolloin monet samoilla elinpaikoilla yleensä viihtyvät, kilpailevat lajit menehtyvät hapen puutteen takia.

Puiden varjostus haittana

Pohjois-Amerikan alkuperäisluonnon monimuotoisuutta ja usean lajin toimeentuloa uhkaavan rantakukan torjuntaan käytetyt miljoonat dollarit eivät ole juurikaan hidastaneet tai rajoittaneet tulokkaan kykyä valloittaa yhä laajempia kosteikkoalueita Uudelta mantereelta. Nuorten vesojen kitkeminen juurineen, kasvustojen mekaaninen leikkaaminen sekä myrkytysyritykset eri torjunta-aineilla ovat kerta toisensa jälkeen osoittautuneet pettymyksiksi. Euroopasta biologisiksi torjuntaeliöiksi tuotettujen rantakukan luontaisten hyönteisvihollisten, etenkin *Galerucella*-suvun kovakuoriaisten avulla on onnistuttu paikallisesti heikentämään muukalaisen kasvustoja.

Luonnolla on kuitenkin omat keinonsa ja sääntönsä eri lajien tasapainoiseen olemassaoloon. Varjostuksen, etenkin rantoja reunustavan puuston on todettu heikentävän ainakin kuuden Yhdysvaltain luonnossa haitallisiksi luokiteltavien tulokas-kasvien menestystä. Seurannan lajeista neljän lajin levinneisyys on niin laajaa, että maastoselvityksillä uskottiin saatavan luotettavaa kuva ympäristöolojen vaikutuksista tulokaslajien menestykseen. Rantakukka on yksi näistä lajeista.

New Yorkin valtionyliopiston biologian professorin Robert Warrenin johdolla Upper Niagara -joen vesistöalueella tehdyissä kartoituksissa selvitettiin rantaniittyjä reunustavan puuston ja puiden latvusten peittävyyden vaikutusta kasvillisuuteen. Tutkimuksessa selvitettiin puuston aiheuttaman varjostuksen osuutta vieraslajeina pidettyjen rantakukan, litulaukan (*Alliaria petiolata*), ruokohelven (*Phalaris arundinaceae*) ja järviruo'on (*Phragmites australis)* kasvuun, kasvustojen laajuuteen sekä kunkin lajin siementuotantoon.

Tutkijaryhmä analysoi yhteensä 348 rantaniittykohdetta 12 jokialueella. Kasvien lajistoanalyysien lisäksi huomioitiin kunkin kohteen vesitalouteen vaikuttavat (hydrologiset) sekä maaperään ja pinnanmuotoihin liittyvät (geomorfologiset) ominaisuudet. Tulokaslajien kykyä asettua uusille kasvupaikoille ja laajentaa kasvustojaan arvioidaan yleensä eri lajien siementuotannon tai suvuttoman lisääntymiskyvyn, esimerkiksi vaakasuoraan kasvavien juurakoiden kasvun avulla.

Lisääntymistehokkuus ei vastoin odotuksia näytä selittävän tulokaskasvien menestystä. Tutkittujen lajien siementuotanto on niin suurta, että uusien alueiden valloitus suvullisen lisääntymisen kautta olisi mahdollista missä osassa vesistöalueita tahansa.

Muukalaisten kotiutuminen ja menestyksekäs uusien alueiden pysyvä valloitus edellyttää suotuisia olosuhteita. Kosteilla rantaniityillä on aina riittävästi vettä, ja näiden paikkojen maaperä on yleensä hyvin ravinnerikasta, joten näillä kasvikuntaa tavallisimmin rajoittavilla ympäristötekijöillä ei voi selittää tulokkaiden voittokulkua.[49]

Vertailujen perusteella Warren ja kumppanit osoittivat, että kosteikkoja reunustavien puiden aiheuttama varjostus on muita mitattavissa olevia ympäristötekijöitä tärkeämpi syy muukalaislajien hyvinvointiin. Tulos on sekä alkuperäisen luonnon lajistolle että vesiensuojelulle myönteinen. Jokien ja järven rantojen kunnostusprojekteissa on perinteisesti hoidettu ja lisätty puustoa, joka estää rehevöittävien ravinteiden pääsyä vesistöihin.

Muukalaisilla yhteiset ominaisuudet ja alkuperä

Euroopasta ihmisten mukana joko tahallisesti tai tahattomasti kulkeutuneet rantavyöhykkeiden kookkaat kasvit järviruoko ja rantakukka ovat muodostuneet vakaviksi ongelmiksi Uudessa maailmassa. Lähtöalueellaan niin ruoko kuin rantakukkakin ovat hyvin yleisiä, luonnonvaraiseen flooraan kuuluvia lajeja. Vieraalle maalle ja manterelle kotiuduttuaan molemmista on tullut melkoisia – ja hyvin kalliisti torjuttavia – kiusankappaleita.

Järviruo'on ja rantakukan levinneisyys Euroopassa kattaa käytännössä koko maanosan, mutta niin kasvutavoiltaan, rakenteeltaan ja ilmeisesti perintötekijöiltäänkin kasveissa on maantieteellisiä eroja. Tšekkitutkijat selvittivät 2000-luvun alussa näiden lajien geneettistä taustaa sekä sitä, onko lähtöalueilla mahdollisesti vaikutusta vieraslajien menestykseen Pohjois-Amerikassa.

Euroopan etelä–pohjois -suuntaiselta gradientilta kerätyissä näytteissä tutkijat havaitsivat erittäin vahvan korrelaation sijaintipaikan sekä kasvien rakenteellisten ominaisuuksien ja kasvupotentiaalin välillä. Alkuperäinen kasvupaikka selitti molemmilla lajeilla kasvin verson pituutta, varren paksuutta, maanalaista sekä maanpäällistä biomassaa.[50]

Sekä järviruo'on että rantakukan yksilöt kasvoivat kookkaammiksi ja vahvemmiksi eteläisillä elinaluillaan. Vieraslajihistorian tutkimuksessa tärkeä havainto oli, että niin ruo'on kuin rantakukankin morfologiset ominaisuudet olivat varsin yhteneväisiä nimenomaan Etelä-Euroopasta kotoisin olevissa kannoissa ja Pohjois-Amerikkaa valloittaneissa kasveissa. Lähtöpaikkatiedot ovat arvokasta taustaa harkittaessa tulokas- ja vieraslajien biologisen torjunnan keinoja. Jos muukalaisia pyritään hillitsemään tai kitkemään kasvin luontaisilla vihollisten avulla, torjuntaeliöt on valittava ja haettava mahdollisimman tarkasti kasvien alkuperäisiltä kotiseuduilta.

Pölyttäjien pelastus kuivina kausina

Rantakukka voi olla paitsi ei-toivottu haitallinen rikkaruoho myös tärkeä hyötykasvi maataloustuotannolle. Paikallisten kosteikkojen luonnonkasvit ovat arvokkaita etenkin kuivilla seuduilla kasvukauden lopulla, kun luonnossa on vain vähän kukkivia kasveja.

Italialaisen Pisan yliopiston tutkijan Stefano Benvenutin johtama ryhmä selvitti rantakukalla vierailevien selkärangattomien eläinten – pääasiassa hyönteisten – määriä sekä sitä, kuinka paljon mettä tai siitepölyä kukinnoissa ja kukissa vierailleet kävijät mukaansa saivat.

Rantakukan kukinta-aika on pitkä, keskikesästä loppusyksyyn, ja kookkaassa ja tiheässä tähkäkukinnossa on satoja yksittäisiä kukkia. Italialaistutkimuksen mukaan Välimeren alueen maatalousmaisemissa rantakukkien kukinnoissa on keskimäärin 640 kukkaa heinä–syyskuun välisenä aikana. Jokainen avoin kukka tuottaa runsaasti sekä mettä että siitepölyä, joten rantakukka on erinomainen ravintokasvi hyönteisille, jotka vierailuillaan huolehtivat samalla rantakukan pölytyksestä.

Koko kesän kattaneessa seurannassa pisalaistutkijat analysoivat 476 rantakukalla käynyttä hyönteispölyttäjää, joissa oli edustajia kolmesta lahkosta, seitsemästä heimosta ja 15 lajista. Kukilta kerättyjen hyönteisten mikroskooppikuvissa todettiin, että jokaiseen kävijään oli vierailun aikana tarttunut rantakukan siitepölyä. Pölyttäjistä enemmistö oli pistiäisiä (esimerkiksi mehiläisiä ja kimalaisia; 427 näytettä), ja runsaasti oli myös kaksisiipisiä (kärpäsiä; 26) ja perhosia (23).[51]

Pistiäisten absoluuttinen ja suhteellinen määrä oli maksimissaan loppukesällä, jolloin näiden osuus kaikista pölyttäjistä oli lähes 95 prosenttia. Tarhamehiläinen (*Apis mellifera*) oli ylivoimaisesti yleisin rantakukalla vierailija. Kimalaisia (*Bombus* spp.) tutkimuksessa tavattiin viisi eri lajia. Mehiläisten vierailut rantakukilla keskittyivät elokuuhun, kun taas kimalaisten ja muiden hyönteislajien vierailuissa ei havaittu eroja kesän eri aikoina.

Kukinnan pitkäkestoisuuden ja runsaan mesi- ja siitepölytarjonnan ansiosta rantakukka on erinomainen ravintokasvi hyönteisille, ja italialaistutkijat suosittelevatkin rantakukan istuttamista maatalousalueille kosteikkoihin etenkin mehiläiskasvatusta harjoittavien tilojen maille.

Vieraat hyödyttävät toisiaan

Rantakukan menestystä Uudella mantereella voi ainakin osittain selittää yhteinen alkuperä tärkeimpien pölyttäjähyönteisten kanssa. Sekä Euroopassa että Pohjois-Amerikassa rantakukan kukissa vierailevista hyönteisistä ylivoimaisesti tärkeimpiä ovat tarhamehiläiset ja monet kimalaislajit. Sekä kasvi että nämä pistiäishyönteiset ovat Amerikassa vieraslajeja.

Rantakukka saapui ihmisten mukana 1800-luvun puolivälin jälkeen, mutta vieraspistiäiset valloittivat lännen paljon aikaisemmin. Mehiläinen kotiutui Euroopasta Yhdysvaltain itäosiin 1600-luvun alkupuolella, ja myös useat kimalaiset ovat tulleet Vanhalta mantereelta Pohjois-Amerikkaan ainakin sata vuotta ennen rantakukkaa.

Uudelle alueelle kotiutuneiden vieraslajien yhteistyötyö, *mutualismi*, voi auttaa tulokkaita kehittämään alueen alkuperäislajistoa voimakkaampia ja menestyksekkäämpiä kantoja.[52] Mehiläiset ja kimalaiset ovat tärkeimpiä, mutta eivät suinkaan ainoita rantakukan pölyttäjiä. Tulokaskasvin amerikkalaista historiaa perinpohjin esittelevä katsaus osoittaa, että rantakukan siementuotanto olisi varmasti suurta ilman Euroopasta muinoin tulleita pistiäisiäkin.[53]

Hyönteisten ja tulokaskasvin yhteiselon hyödyllisyys huomattiin jo 1940-luvulla rantakukan yleistyttyä. Tuolloin mehiläistenhoitajat ja hunajantuottajat alkoivat istuttaa ja levittää rantakukkaa jokien rannoille ja muihin kosteikkoihin tarhamehiläisten mesikasviksi.[54]

Ilmasto asettaa rajan valloituksille

Nopeasti Pohjois-Amerikan mantereella levittäytyvä rantakukka ei tunnut saavan vastusta paikallisesta eliölajistosta, eivätkä lajin alkuperäisiltä kotikonnuilta Euroopasta tuodut hyönteistuholaisetkaan tunnu vieraslajin etenemistä juuri hidastavan. Oma arka kohtansa tulokkaalla näyttää silti olevan: Vaikka rantakukkaa tavataan lähes koko Euroopassa, Uudessa maailmassa lajin levittäytyminen kohti pohjoista saattaa estyä ilmastollisiin tekijöihin.

Pohjoisen lyhyet kasvukaudet heikentävät lajin kasvukuntoa ja lisääntymistä niin paljon, että raja valloitukselle saattaa jo olla käsillä. Rantakukan menestymismahdollisuuksia ja -vaatimuksia selvittänyt kokeellinen tutkimus osoittaa, että jo nykyisillä pohjoisrajoillaan rantakukat jäävät pienikokoisiksi ja tuottavat paljon vähemmän siemeniä kuin ydinalueillaan. Koon ja siementuotannon kutistuminen ovat sopeutumia, joilla laji reagoi ulkoisiin, ilmaston asettamiin vaatimuksiin.

Kanadalaisen Toronton yliopiston tutkijan Robert Colauttin johdolla selvitettiin rantakukan sopeutumista kasvukauden vaihteluun. Aineisto käsitti rantakukan amerikkalaisen levinneisyysalueen eli 1200 kilometrin etelä–pohjois -suuntaisen vyöhykkeen Yhdysvaltain Marylandista Kanadan Ontarioon.

Kokeissa todettiin, että pohjoista kohti levittäytyessään rantakukat joutuvat sopeutumaan lyhempään kasvukauteen sekä verson pituuden että kukkimisaikataulun muutoksilla. Mitä pohjoisemmaksi kasvilaji on levittäytynyt, sitä lyhyemmäksi rantakukan versot jäävät. Pienikokoiseen verson kehittyy vastaavasti myös vähemmän kukkia kuin eteläisempiin, suurikokoisiin yksilöihin.[55]

Lyhyen kasvukauden seurauksena rantakukan kukinta aikaistuu kohti pohjoista levittäydyttäessä. Koon pieneneminen ja kukinnan aikaistuminen johtavat alentuneeseen siementuotantoon, millä voi olla ratkaiseva merkitys lajin kohti pohjoista tapahtuvan levittäytymisen säätelijänä ja pysäyttäjänä.

5

Kasvinsyöjien vaikutukset

Kasvinsyöjä muuttaa kukinta-aikataulua

Vuosikymmeniä Pohjois-Amerikan luonnossa vailla biologisia vastustajia levittäytynyt ja nykyisin vakavaksi haittalajiksi luokiteltava rantakukka pysyy kurissa alkuperäisillä levinneisyysalueillaan kuten Euroopassa, koska kasvilla on luontaisia vihollisia, kasvinsyöjäeläimiä. Uudessa maailmassa rantakukkaan keskittyviä kasvinsyöjiä ei ole. Rantakukkaa ravintonaan käyttävistä eläinkunnan edustajista tunnetuimpia ovat lehtikuoriaisten heimoon kuuluvat *Galerucella*-suvun kuoriaiset, joita on alettu siirtää Vanhalta mantereelta Yhdysvaltoihin pitämään tulokaskasvia kurissa.

Kasvinsyöjäeläinten vaikutukset ulottuvat yleensä koko kasviin – niin pituuskasvuun, biomassan tuotantoon kuin kukkimiseen ja siementuotantoonkin. Maanpäällisessä versossa lehtien ja varsien kärsimät vahingot heikentävät kasvin tuotantoa suoraan yhteyttävän solukon vähenemisen kautta, mutta verson syöjät aiheuttavat epäsuorasti vahinkoa myös kasvin ulkonäköä muuttamalla. Syödyt ja vahingoitetut lehdet vähentävät kasvin houkuttelevuutta. Pölyttäjät eivät ehkä ole kiinnostuneita vioitetusta kasviyksilöstä, vaikka kukkia olisi paljon ja tarjolla olisi normaali määrä mettä ja siitepölyä.

Sekä suoraa että epäsuoraa vaikutusta on myös maanpinnan alla toimivilla kasvinsyöjäeläimillä. Juuristoa ja juurakoita syövät eläimet vähentävät kasvin biomassaa sekä heikentävät kasviyksilön fysiologista kuntoa. Kunnon heikkenemisen vakavin seuraus on kukkimisen estyminen tai heikentyminen – ja siten vähentynyt siementuotanto – vaikka pölyttäjien vierailuihin ei näin vaikutettaisikaan.

Rantakukalla maanalaisten kasvinsyöjien haittoja osoitti konkreettisesti kokeellinen, rantakukan ja meilläkin tutun heinän, timotein (*Phleum pratense*) kilpailusuhteita selvittänyt tutkimus. Saksalaisen Christian Albrechts -yliopiston tutkijaryhmän kokeissa kasvien juuristovyöhykkeen maaperään lisättiin *Hylobius transvittatus* -kovakuoriaisia. Nämä kärsäkkäisiin kuuluvat kasvinsyöjähyönteiset vahingoittavat kasvien fysiologialle elintärkeitä, veden ja ravinteiden otosta vastaavia hiusjuuria.

Pienikokoinen selkärangaton eläin hidasti ja vähensi rantakukan verson pituuskasvua ensimmäisenä kasvukautena ja vähensi biomassan tuotantoa toisena vaikutusvuotenaan. Vakavin seuraus kärsäkkään syönnöksistä oli kuitenkin kukinnan aikataulun ja tuloksellisuuden muutos. Rantakukat, joiden juuristoa kärsäkkäät olivat syöneet, kukkivat tavanomaista myöhemmin, ja yleensä runsaskukkaiseen tähkään kehittyi normaalia vähemmän kukkia.[56]

Kärsäkkäiden aiheuttama maanalainen juuriston syönti heikensi rantakukkaa enemmän kuin kilpailu timotein kanssa. Kärsäkkään syödessä kasvien juurimassaa timotein versojen pituuskasvu heikkeni ja samalla heinäpopulaatio alkoi muodostaa lyhytkasvuista, nurmikkomaista kasvustoa, joka ei estänyt rantakukan normaalia kehitystä.

Vioittaminen voi lisätä kukintaa

Kasvinsyöjäeläimet voivat muuttaa ravintokohteidensa ominaisuuksia kuten kasvutapaa ja -aikataulua sekä eri kasvinosien keskinäisiä suhteita tavoilla, jotka vaikuttavat sekä yksilön että kokonaisten yhteisöjen hyvinvointiin. Kasvinsyöjillä eli herbivoreilla tiedetään olevan suuri merkitys uusia alueita valloittavien tulokaslajien menestymiseen. Rantakukkaa ravintonaan käyttävien kovakuoriaisten toukkien ja aikuisten aiheuttamat lehtien, varsien ja kukintojen vioittumiset voivat muuttaa etenkin kukintojen kokosuhteita sekä kukinnan aikataulua.

Kanadalaisen Ottawan yliopiston tutkijat selvittivät rantakukan luonnollisen (*Galerucella*-suvun lehtikuoriaisten aiheuttaman) että keinotekoisen (lehtien ja varsien leikkaamisen) vaikutusta kohdekasvin kukintoihin ja kukkien pölytykseen. Kokeet suoritettiin rantakukan luonnonpopulaatioissa, joissa ympäristöolosuhteet olivat eri käsittelyissä yhteneväiset. Koejaksojen aikana rantakukilta mitattiin verson kasvua, kukinnon kokoa sekä kukkimisen alkamisajankohtaa. Herbivorien vaikutusta pölyttäjien vierailuihin tutkittiin kasvukauden lopulla ajankohtana, jolloin luontaisten vihollisten eli lehtikuoriaisten toukkavaiheen syönnökset olivat päättyneet toukkien koteloitumiseen.

Kokeet osoittivat kukintojen ja kukkien määrän lisääntyvän kasvinsyöjien toiminnan seurauksena. Suvullisen lisääntymisen turvaavaa siitepölyä riitti herbivorien vioittamiin kasviyksilöihin yhtä hyvin kuin vahingoittumattomiin rantakukkiin. Myös kukinnan aikataulu muuttui. Lehtikuoriaisten aiheuttaman tai leikkaamalla aiheutetun verson vioittumisen seurauksena rantakukan kukinta alkoi myöhemmin kuin vertailuryhmän vahingoittumattomissa yksilöissä.[57]

Kasvinsyöjien vahingoittamat rantakukat osoittautuivat myös pölyttäjien suosikeiksi. Rantakukan tärkeimpiin pölyttäjiin lukeutuvat kimalaiset kävivät jopa enemmän niissä kukinnossa, joiden versoja kuoriaiset olivat aikaisemmin vioittaneet. Pölytystehoa tehosti lisäksi se, että hyönteiset vierailivat herbivoreille altistuneiden kukintojen eri kukissa useammin ja pitemmän aikaa kuin vertailuryhmän kasvien kukissa.[58]

Kasvien lisääntymistulokseen herbivorian aiheuttamalla kukintojen rakenteen tai pölyttäjien käyttäytymisen muutoksille ei ollut merkittävää vaikutusta. Kasvukauden lopulla kehittyvien siementen määrissä ei havaittu eroja eri käsittelyjen välillä.

Kasvinsyöjien toiminnan muuttama kukinnan aikataulu voi kuitenkin vaikuttaa rantakukan vastustuskykyyn. Pitkän yhteisen kehityksen kuluessa herbivorien kehityskierto on synkronoitunut kasvin aikataulujen kanssa. Jos herbivoria muuttaa kukinta-aikataulua, eniten kasvia syövien toukkien aktiivisuuskausi ei ehkä osukaan yksiin rantakukan parhaan kukintajakson kanssa.

Kimalaiset suosivat kuoriaisten vioittamia kasveja

Kasvinsyöjäeläinten eli herbivorien aiheuttamat muutokset kasvin versossa voivat johtaa kasvun ja tuotannon hidastumisen lisäksi myös merkittäviin muutoksiin kukinnassa ja siementuotannossa. Jos verson syönti muuttaa kukkien rakennetta, määrää tai kukkimisaikataulua, muutoksilla on varmasti vaikutusta myös potentiaalisten pölyttäjien käyttäytymiseen. Tällaisia muutoksia tutkittiin kokeellisesti pohjoisamerikkalaisissa rantakukan luontaisissa kasvustoissa.

Kasvinsyönnin vaikutuksia selvitettäessä rantakukkia altistettiin kovakuoriaisille. Suomessakin tavattavia rantanälvikäs-kuoriaisia (*Galerucella calmariensis*) ja lähisukulaisia *N. pusilla* -kuoriaisia on käytetty Yhdysvalloissa rantakukan biologiseen torjuntaan. Kokeissa rantakukan kukissa vierailevien pölyttäjien lajistoa ja aktiivisuutta tutkittiin kasvukauden vaiheessa, jossa kuoriaistoukkien syöntiaktiivisuus oli päättymässä.

Päätuloksena havaittiin, että kovakuoriaistoukkien syömiin versoihin kehittyi enemmän kukkia kuin tuholaisilta välttyneisiin yksilöihin. Kukinnan aikataulu kuitenkin muuttui herbivorien vaikutuksesta. Toukkien syömissä versoissa kukat avautuivat merkittävästi myöhemmin kuin muissa samojen kasvustojen rantakukkayksilöissä.

Syödyissä kasviyksilöissä vierailevien pölyttäjien käyttäytyminen oli selvästi erilaista kuin samojen hyönteisten käyttäytyminen muissa saman rantakukkakasvuston yksilöissä. Kimalaiset ovat tärkeitä rantakukan pölyttäjiä, ja niiden aktiivisuus oli syödyissä kukissa poikkeavaa. Herbivorien syömissä kasveissa kimalaiset vierailivat keskimääräistä useammassa kukassa ja lensivät kukinnon eri osien välillä aktiivisemmin kuin rantakukkien tähkissä keskimäärin.

Kuoriaiset houkuttelevat toisiaan rantakukalle

Luonnossa on yleistä, että tietyt kasvinsyöjäeläimet keskittyvät ravinnonhankinnassaan vain yhteen tai muutamaan kasvilajiin. Rantakukalla on omat erikoistuneet hyödyntäjänsä, joista tavallisimpia ja eniten tutkittuja ovat lehtikuoriaisten heimoon (Chrysomelidae) kuuluvat *Galerucella*-suvun lehtikuoriaiset.

Monen muun kasvinsyöjäeläimen (herbivorin) tavoin lehtikuoriaiset kerääntyvät usein suuriksi ryhmiksi – sekä toukkavaiheessa että aikuisina yksilöinä – sopivaan ravintokasviin tai kyseisen kasvin yhdyskuntaan. Ryhmiin kertymistä kuoriaiset edistävät erittämällä laajalle leviäviä ja vain oman lajin tai lähisukulaisten tunnistamia kemiallisia houkutusaineita eli feromoneja

Rantakukkaa ravintonaan käyttävät lehtikuoriaiset kerääntyvät ravintokasville tehostetusti myös siksi, että kovakuoriaisten vahingoittamista rantakukan solukoista vapautuvat kemialliset yhdisteet houkuttelevat kuoriaisia. Sekä aikuisten kuoriaisten että rantakukan erittämät houkutuskemikaalit vetävät puoleensa sekä kyseessä olevan lajin että saman suvun lähisukulaisia.

Tukholman yliopiston Kasvitieteen laitoksen tutkija Peter Hambäck on selvittänyt yksityiskohtia rantakukkaa syövien lehtikuoriaisten ryhmiin kerääntymistä sekä ravinnonhankinnan käynnistämiä feromoni- ja muita kemiallisia tapahtumia. Tarkat feromonien analyysit osoittavat, että kahden lähisukuisen, rantakukkaa ravintokasvinaan käyttävän lehtikuoriaisen ympäristöönsä levittämät hormonit sekä rantakukan vahingoittuneista solukoista erittämät yhdisteet houkuttelevat paitsi oman lajin myös lähisukulaisen yksilöitä. Lehtikuoriaisten kemiallinen maailma on kuitenkin monipuolisempi kuin pelkästään lajikohtaiseen houkutteluun perustuvaa kommunikointia.[59]

Hormonianalyysien mukaan *Galerucella pusilla* -lajia houkuttelevat rantakukalle enemmän rantanälvikkään (*Galerucella calmariensis*) kuin oman lajin aiheuttamat, kasvisolukkojen vahingoista vapautuneet yhdisteet. Tiheiksi ryhmiksi kokoontuneiden kuoriaisten voisi olettaa kilpailevan keskenään, mutta rantakukan lehtimassaa on riittävästi kaikille osapuolille.

Laboratorio- ja kenttäkokeet osoittivat, että ryhmissä toimivien kuoriaisten toukkien kasvu on nopeampaa kuin yksinään kasvia syövillä hyönteisillä.

Lähisukuisten kuoriaislajien keskinäinen yhteistyö aiheuttaa kasville suurempaa vahinkoa kuin vain yhden lajin tuottamat syömisvahingot. Herbivorien ryhmäkäyttäytymisellä voi siten olla merkitystä myös suunniteltaessa biologista vieraslajin torjuntaa vahingolliseksi luokitelluissa kasvustoissa.

Kasvinsyöjät tulevat toimeen keskenään

Kahden biologisessa rantakukkien torjunnassa yleisesti käytettävän lehtikuoriaislajin välillä on vain vähän keskinäistä ravinto- tai tilakilpailua. Yhdysvaltalaisen Virginia Polytechnic

Institute and State University -yliopiston tutkijat vertasivat valvotuissa koeoloissa *Galerucella calmariensis*- ja *G. pusilla*-lehtikuoriaisten toukkien määriä ja kasvua sekä toukkien ja aikuisten yksilöiden harjoittamaa rantakukan lehtien syömistä viidessä eri lämpötilassa välillä 12.5 °C – 27.5 °C. Yli 30 asteen lämpötilassa toukkien kehitys pysähtyi, eivätkä kuoriaiset kehittyneet aikuisiksi.[60]

Rantakukan biologisen torjunnan onnistumisessa on keskeistä, kuinka paljon kasvimassaa lehtikuoriaiset syövät. Rantanälvikkään (*G. calmariensis*) toukat olivat keskimäärin 25 prosenttia tehokkaampia kuin sukulaisensa. Aikuisista kuoriaisista *G. pusilla* söi naapurilajiaan enemmän 15–27.5 °C lämpötiloissa, kun taas viileämmissä oloissa *G. calmariensis*-lajin aiheuttama kulutus oli suurempaa.

Lehtikuoriaisten keskinäisellä kilpailulla on merkitystä herbivorian voimakkuuteen vain, jos syötävä kasvimassaa on niukasti saatavilla. Biologiseen torjuntaan hankitaan kuoriaisia hävittämään yhtenäisiä kasvustoja, joten kumman tahansa *Galerucella*-lajin kotiuttamisella saavutetaan toivottuja tuloksia.

Kasvinsyöjät hyvin valikoivia

Uudessa maailmassa on useita rantakukan lähisukulaisia, jopa samaan *Lythrum*-sukuun kuuluvia kasveja, joiden voi olettaa joutuvan myös biologisen torjunnan välineiksi tuotujen kuoriaisten kohteeksi. Minnesotan yliopiston tutkijan Elizabeth Stamm Katovichin johdolla tehdyssä kokeessa selvitettiin kahden tunnetuimman *Galerucella*-kuoriaisen reaktioita ja vaikutuksia rantakukkaan sekä kahteen muuhun samaan

Myrtaceae-heimon kuuluvaan kasviin (*Lythrum alatum ja Decodon verticillatus*).[61]

Kasvatuskokeissa selvitettiin ensin lehtikuoriaisten vaikutuksia kolmen kasvin kasvuun ja siementuotantoon. Lehtikuoriaisten toukkien ja aikuisten ravinnonhankintaa selvitettiin kasvien eri kehitysvaiheissa, ja vertailuna olivat yhteneväisissä oloissa kasvatetut kasvit, joilla ei ollut vastuksenaan herbivoreja.

Rantakukalla, jonka torjuntaan lehtikuoriaisia on hankittu Pohjois-Amerikkaan, kuoriaistoukkien harjoittama lehtien ja versojen kärkisilmujen syönti johti selvästi alentuneeseen siementuotantoon sekä vertailukasvustoa alhaisempaan biomassan tuotantoon. Selvin herbivorian vaikutus oli rantakukan pituuskasvun heikentyminen. Kahdella rantakukan sukulaislajilla kuoriaisten vaikutus oli vähäinen tai täysin olematon.

Biologisen torjunnan onnistumisessa on tärkeää, että kasvien ja kasvinsyöjien kasvukauden aikaiset kehityskierrot osuvat ajallisesti yksiin. Tätä ajoitusta minnesotalaistutkijat selvittivät vertaamalla rantakukan ja kahden muun kasvilajin kukinnan aikatauluja lehtikuoriaisten luontaiseen elinkiertoon.

Kuoriaisten aktiivinen kehitysvaihe osui yksiin rantakukan kasvun ja kukinnan suhteen arimpaan aikaan, kun taas paikallinen alkuperäislaji *Lythrum alatum* aloittaa kukinnan kuukautta myöhemmin kuin rantakukka. Kuukauden aikaeron takia kuoriaiset eivät ole enää aktiivisia lehtimassan syöjiä kasvin kukintavaiheessa. Näin *L. alatum* välttää jo ”ajallisen pakenemisen" ansiosta herbivorien aiheuttamat vahingot, vaikka solukot kuoriaisille kelpaisivatkin.

Muukalaiset vahvoja, vaikka puolustus heikkenee

Vakiintuneiden evolutiivisten käsitysten mukaan vihollisista vapautuminen johtaa vähitellen siihen, että kasvit menettävät uusissa oloissa tarpeettoman kyvyn puolustautua kasvinsyöjiä vastaan.

Saksalaisen Tübingenin yliopiston tutkijat selvittivät ilmiön toteutumista altistamalla Euroopasta kotoisin olevia sekä Pohjois-Amerikkaan vieraslajina kotiutuneita rantakukan populaatioita lajin perinteisellä levinneisyysalueella tavattaville kasvinsyöjäeläimille. Kokeissa käytettiin sekä kunkin populaation luonnossa kasvaneiden yksilöiden siemenistä kasvatettuja että koeloissa kehittyneiden yksilöiden tuottamia, toisen polven rantakukkia.

Kokeet vahvistivat teorian mukaisen kasvin vastustuskyvyn heikkenemisen. Rantakukan vauriot olivat sekä absoluuttisesti että suhteessa koko lehtimassaan suurempia amerikkalaisilla kuin eurooppalaisilla yksilöillä. Kasvinsyöjien aiheuttamat vahingot hidastivat Uudessa maailmassa rantakukan kasvua, mutta kasvukauden lopulla näiden versot kasvoivat kuitenkin pitemmiksi kuin eurooppalaiset lajikumppaninsa.

Versojen tuotanto osoitti, että rantakukan sietokyky haitanaiheuttajia (kasvinsyöjähyönteisiä) vastaan on tärkeämpää kuin perinnöllisesti määräytyvä puolustuskyky. Reaktiot kasvinsyöjiin olivat toisessa sukupolvessa voimakkaampia kuin suoraan luonnosta kerätyistä siemenistä kasvatetuilla yksilöillä.

Tulos osoittaa, että luontaisista vihollisista vapautumisella aikaansaatu kilpailuetu ja leviämiskyky ovat rantakukalla perinnöllisesti määräytynyt ominaisuus, joka säilyy myös uusissa, vihollisista vapaissa olosuhteissa.[62]

Vastustuskyky muuttuu olosuhteiden mukaan

Kovakuoriaisten kotiuttamiseen perustuvassa rantakukan biologisessa torjunnassa on omat hankaluutensa, sillä sekä kasvin että kasvia ravinnokseen käyttävien hyönteisten elintavat ja reaktiot ympäristöolosuhteisiin vaihtelevat suuresti. Ja koska rantakukan levinneisyysalue on laaja, myös ilmastolliset sekä maaperä- ja muut olosuhteet vaihtelevat suuresti.

Ruotsissa rantakukan ja *Galerucella*-kuoriaisten sopeutumista erilaisiin olosuhteisiin on otollista tutkia, sillä kasvia tavataan luontaisesti koko pitkällä Itämeren rannikkoalueella, ja myös lehtikuoriaiset menestyvät tällä 1200 kilometrin etelä–pohjoinen -akselilla.

Uppsalan yliopiston tutkija Lena Lehndal ja professori Jon Ågren selvittivät rantakukan sietokykyä elottoman ympäristön muutoksiin ja luonnollisiin stressitekijöihin sekä kasvin kykyä vastustaa lehtikuoriaisten aiheuttamia vaurioita 12 tutkimusalueella, jotka ulottuvat Ruotsin itärannikolla maantieteellisesti 10 leveysasteen verran (56°N – 66°N), Skånesta aina Perämeren pohjukkaan saakka. Laajan ulottuvuuden takia ilmastolliset kasvuolosuhteet vaihtelevat eri tutkimuspisteissä suuresti.

Kasvukauden pituus vaihtelee eteläisimpien tutkimuspisteiden 210–220 vuorokaudesta pohjoisessa sijaitsevien kohteiden 140–150 vuorokauteen. Vuoden keskilämpötila on vastaavasti etelässä 7–8 °C ja pohjoisessa 1–2 °C.

Maastotutkimuksia uppsalalaistutkijat täydensivät vakioiduissa kasvihuoneoloissa tehdyillä kokeilla, joissa selvitettiin rantakukan mekanismeja erilaisissa kuoriaisaltistuksen vaihtoehdoissa.

Tutkimuksen tavoitteena oli selvittää, reagoiko rantakukka eri tavoin kuoriaisten aiheuttamiin vaurioihin erilaisissa ilmastollisissa kasvuoloissa. Selvitettävänä oli kaksi erilaista vastustuskykyä: Kasvin sietokyky vaihtelevia ympäristöolosuhteita ja stressiä vastaan (=*toleranssi*) sekä vastustuskyky biologista haitanaiheuttajaa, tässä tapauksessa *Galerucella*-lehtikuoriaisten aiheuttamaa solukkojen syöntiä vastaan (=*resistenssi)*.

Aikaisemmista selvityksistä tiedettiin, että rantakukan kasvun ja kukinnan aikataulut vaihtelevat suuresti rannikon eri osien välillä, ja toisaalta tiedettiin myös kovakuoriaisten määrien vähenevän etelästä pohjoiseen siirryttäessä.[63]

Johtopäätöksenään tutkijat totesivat, että etelästä pohjoiseen siirryttäessä – kasvukauden lyhetessä – rantakukan vastustuskyky herbivoreja kohtaan (resistenssi) heikkeni, mutta toisaalta sietokyky elottoman ympäristön stressiä vastaan (toleranssi) parani.

Rantakukan toleranssi elottoman ympäristön stressitekijöitä vastaan oli parempi pohjoisilla kuin etelärannikon rantakukilla. Erot johtuvat ainakin osittain kasvukauden ajoituseroista: Pohjoisen kasvustot ovat kasvun aikaisemman aloituksen seurauksena iäkkäämpiä kuin eteläisten populaatioiden rantakukat vaiheessa, jossa lehtikuoriaisten invaasio ja kasvien syönti alkavat kesällä.

Kasvinsyöjät tärkein siementuotannon estäjä

Toisessa ruotsalaistutkimuksessa Uppsalan, Tukholman ja Uumajan yliopistojen tutkijat selvittivät rantakukan ja kasvia syövien kuoriaisten suhteita kokeellisesti yhdeksässä pohjoisruotsalaisen saariston rantakukkapopulaatiossa. Tavoitteena oli selvittää kasvinsyöjien osuutta rantakukan kasvuun ja siementuotantoon suhteessa kasvipopulaatioiden ympäristöoloihin.

Kasvien tilan arvioimiseksi tutkitut rantakukkapopulaatiot valittiin siten, että talvisen jään, aallokon ja vedenkorkeuden vaihtelujen aiheuttama ympäristöstressi aiheutti eri asteista rasitusta kasveille. Valvotuissa kasvatuskokeissa kunkin alkuperältään erilaisen populaation yksilöiden välisiä tuholaisia vastaan toimivan vastustuskyvyn (*resistenssin*) eroja mitattiin.

Useimmiten ihmisen silmin näkymättömät kasvinsyöjähyönteiset hidastavat verson kasvua sekä rajoittavat kukintaa ja siementuotantoa. Rantakukan biomassan tuotanto nousi jopa 500 kertaa suuremmaksi, ja kukkien ja siementen tuotanto oli enimmillään 400 kertaa suurempaa koeoloissa, joissa lajiin erikoistuneet kuoriaiset ja muut kasvinsyöjät poistettiin. Euroopan luonnossa näitä selkärangattomia on aina siellä missä rantakukkaakin.

Kovakuoriaisten aiheuttama kasvien vioittaminen oli alhaisinta populaatioissa, joihin kohdistui voimakkain jään ja aaltojen aiheuttama ympäristöstressi. Herbivorian osuutta rantakukan kukkimiseen ja siementuotantoon tutkittiin poistamalla kaikki kuoriaiset osasta kasveja. Kuoriaisten poisto todisti, että herbivorit olivat tärkein rantakukan siementuotantoa alentava tekijä.

Kokeen perusteella kunkin kasvipopulaation yksilöiden kukkimisen intensiteetin ja siementuotannon erot johtuivat lähes yksinomaan kasvinsyöjäeläimistä. Helpoimmin havaittava elottoman luonnon ympäristöstressi on tosiasiassa vain toissijainen rantakukan menestymisen selittäjä.[64]

Kokeelliset selvitykset osoittivat, että suuresta lopputuloksen vaihtelusta huolimatta rantakukan geneettisesti määräytyvä resistenssi herbivoreja vastaan vaihtelee kunkin populaation yksilöiden välillä varsin vähän.

Biologinen torjunta-ase karkasi puutarhoihin

Rantakukkaa ravintonaan käyttävien kuoriaisten uskottiin olevan turvallisia uusilla elinsijoillaan, sillä Vanhan mantereen puolella *Galerucella*-lajit eivät ole aiheuttaneet ongelmia ihmisen kannalta tärkeissä viljely- tai koristekasveissa. Ja siksi kuoriaisia on uskallettu tuoda Pohjois-Amerikkaan moniin kohteisiin. Mutta elävien eliöiden siirroissa on aina omat riskinsä – ja tällainen riski konkretisoitui Oregonin osavaltiossa.

Osavaltion maatalousministeriön, Yhdysvaltain maatalousministeriön sekä Portlandin kaupungin yhteisenä hankkeena rantanälvikäs-kuoriaisia (*Galerucella calmariensisis*) vapautettiin Oaks Bottom Refuge -nimiselle suojelualueelle hillitsemään rantakukkaa.

Jo vuosia jatkuneessa biologisessa torjunnassa kuoriaiset ovatkin toteuttaneet tehtäväänsä eli syöneet rantakukkia. Mutta elokuussa 2015 paikalliset asukkaat kokivat yllätyksen, kun tuhansittain pieniä kuoriaisia tunkeutui yht'äkkiä pihoihin, puutarhoihin ja myös asumusten sisätiloihin. Paikalle hälytetyt asiantuntijat vahvistivat, että tunkeutujat olivat viranomaisten tarkoituksella luontoon vapauttamia kuoriaisia.[65]

Mitään vastaavaa ei ollut tapahtunut aikaisemmin. Ministeriön asiantuntijat arvioivat, että kuoriaisten poikkeuksellinen lisääntyminen ja kannan kasvu ylitiheäksi johtivat kuoriaisten invaasioon asutusalueille ja puutarhoihin, joissa kasvinsyöjien toukat tuhosivat ruusuja sekä muita puutarha- ja viljelykasveja. Kuoriaiskannan räjähdysmäisen nopean lisääntymisen syyksi tutkijat arvioivat epätavallisen kuumaa ja kuivaa kesää.

6

Menestystä vaikeissa olosuhteissa

Raskasmetallien sieto auttaa vaikeilla alustoilla

Kasvien kyky sietää haitallisia altistuksia vaihtelee suuresti, ja monilla lajeilla on erityisiä sietokykyä lisääviä ominaisuuksia. Elinympäristön – maaperän tai veden – kemikaalipitoisuudet voivat nousta etenkin ihmistoiminnan seurauksena niin korkeiksi, että vain erityisen hyvin sopeutumiskykyset lajit voivat selviytyä hengissä. Fysiologiset sopeutumismekanismit sekä kyky rikastaa haitta-aineita voivat mahdollistaa kasvun ja säilymisen myrkyllisessäkin ympäristössä.

Lajit, joilla on tällaisia ominaisuuksia, pystyvät valtaamaan haltuunsa ongelmallisia kasvupaikkoja ja usein muodostamaan yksilajisia, hyvin voimakkaitakin monokulttuurikasvustoja. Rantakukka näyttää olevan yksi niistä lajeista, joilla on kyky sietää hyvin korkeita – useimmille muille kasveille toksisia – raskasmetallien pitoisuuksia.

Rantakukan kykyä sietää ihmisen toiminnoista luontoon joutuvaa lyijyä tutkittiin yhdysvaltalaisen Cleveland State University -yliopiston kasvatuskokeissa, joissa kasvien juurtuma-alustan lyijypitoisuus oli (a) alhaiseksi luokiteltu 500 milligrammaa litrassa (mg/l), (b) keskivaikeassa altistuksessa pitoisuus oli 1000 mg/l, ja (c) korkea pitoisuus 2000 mg/l osoittaa useimmille kasveille myrkyllistä tasoa. Kontrollikasvustojen juuristovyöhykkeessä ei ollut lainkaan lyijyä.

Lyijyn vaikutus oli kaikissa koeoloissa kasveille haitallista. Myös alhaisimman lyijypitoisuuden vaikutuksesta rantakukan pituuskasvu ja painon kehitys sekä lehtien lukumäärä jäivät alhaisemmiksi kuin kontrollikasveilla. Kaikki koeyksilöt kuitenkin pysyivät hengissä suurimmankin lyijyaltistuksen koeoloissa, vaikka 2000 mg/l lyijypitoisuudessa yksilöt jäivät hyvin pieniksi.

Koetulosten perusteella tutkijat päättelevät, että raskasmetallien sieto voi olla yksi tekijä, joka mahdollistaa rantakukan kykyä valloittaa ihmistoiminnan seurauksena luonnontilasta muuttuneita, usein kasvittomiksi jääneitä alueita.[66]

Maantiesuolasta ei haittaa

Maaperän tai veden haitalliset ominaisuudet voivat estää kasvin siementen itämistä. Vesi- ja rantakasvien siemenet päätyvät lietteisiin ja sedimentteihin, joihin rikastuu tärkeiden ravinteiden ohella paljon erilaisia, veden mukana kulkeutuneita haitallisia kemikaaleja.

Oman lukunsa rantavyöhykkeen eliöstölle aiheuttaa jokakeväinen lumen sulamisvesien mukana kulkeutuva kuormitus, joka on suurimmillaan tai pahimmillaan voimakkaasti lannoitettujen maatalousmaiden sekä teollisuuslaitosten tai taajamien läheisyydessä. Kaupunkien kaduilta kerättyjen lumien sulamisvesissä luontoon joutuu paljon autojen pakokaasupäästöistä ja teiden kulumisesta johtuvia saasteita ja hyvin suurina pitoisuuksina myös teiden suolauksessa käytettyjä yhdisteitä. Varsinkin sisävesien rantavyöhykkeillä keväinen suolaisten sulamisvesien pulssi voi olla eliöstölle rasite.

Kanadan Ontariossa tehdyssä kokeellisessa tutkimuksessa yleisiä rantakasveja kasteltiin vesillä, joissa vaihdeltiin kaduilta kerättyjen sulamisvesien määrää ja pitoisuutta. Yhden kuukauden kuluessa kaikkien viiden lajin kasvu hidastui ja biomassan tuotanto aleni, ja kosteikkokasvustojen lajisto köyhtyi. Rantakukalla on monen muun sitkeyttä kuvaavan omaisuuden ohella poikkeuksellisen hyvä kyky sietää sulamisvesien aiheuttamaa kemikaalialtistusta.

Vertailussa ajoradoilta valuvien vesien korkeita suola-pitoisuuksia vastaavissa oloissa selvisivät vain rantakukka ja leveäosmankäämi (*Typha latifolia*). Natriumkloridia sietävien lajien selviytyminen vaikeissa oloissa johtaa paikalliseen kasvilajiston yksipuolistumiseen, ja varsinkin rantakukan kohdalla myös alkuperäisflooran häviämiseen tulokkaan kustannuksella.[67]

Kestävyydestään huolimatta rantakukkakin kärsi suola-vesistä. Kun kasteluvesi oli kokonaan kadulta kerättyä, vain yhdeksän prosenttia rantakukan siemenistä onnistui itämään. Itäminen ei tietysti ole koskaan sataprosenttista. Tavallisessa kasteluvedessä, jossa ei ollut sulamisvesien kemikaaleja, rantakukan siementen itämisprosentti oli 30, ja toisella yleisellä kosteikkokasvilla leveäosmankäämillä puolestaan vain 13 prosenttia Minkään muun kosteikkokasvin siemenet eivät itäneet katujen sulamisvesien vaikutuksessa.

Tehokas fosforikuormituksen sitoja

Rantakukan tehokkuus ravinteiden kerääjänä ja varastoijana tuli ilmi kiinalaisen Nanjingin yliopiston tutkimuksessa. Kokeissa verrattiin rantakukan ja meilläkin rehevien vesistöjen rannoilla tavattavan kalmojuuren (*Acorus calamus*) kykyä poistaa ravinteita jätevettä simuloineista ravinneliuoksista. Kasvustojen läpi johdetussa liuoksessa oli typpiravinteita 80 milligrammaa litrassa, mikä on paljon enemmän kuin tavanomaisessa yhdyskuntajätevedessä.

Kahdeksan kuukautta jatkuneessa kokeessa kosteikkokasvit keräsivät ja varastoivat solukkoihinsa 35–63 prosenttia typpiravinteista, 47–76 prosenttia fosforiravinteista ja 22–40 prosenttia orgaanisesta, vesistössä hajoamisen seurauksena happea kuluttavasta orgaanisesta hiilestä. Molemmat kasvilajit kasvoivat ja säilyivät hyväkuntoisina kaikissa eri väkevyyksinä annostelluissa ”jäteveden” pitoisuuksissa.[68]

Kasvustojen läpi johdetut ravinteet sekä kerääntyivät nopeasti kasvisolukoihin että pysyivät kasveissa koko kasvatuskokeiden ajan, joten keinotekoisten yhdyskuntien käyttökelpoisuus todellisina vedenpuhdistuksen työkaluina tuli todistetuksi. Vastaavalla tavalla vesiensuojelun hyödyksi toimivat myös rantoja reunustavat kosteikkokasvien yhdyskunnat luonnossa.

Tutkituista kasvilajeista kalmojuuri osoittautui tehokkaammaksi typpiravinteiden sitojaksi, kun taas rantakukan solukot keräsivät paremmin fosforia.

Toimii jopa jäteveden puhdistuksessa

Maailmalla viime vuosikymmeninä yleistyneissä kosteikkopuhdistamoissa kasvatetaan kookkaita ilmaversoisia ja runsastuottoisia vesi- ja rantakasveja kuten osmankäämejä ja järviruokoa, mutta muutkin kasvit soveltuvat ravinteiden ja haittakemikaalien sitomiseen likavesistä. Kiinalaisen Yulinin yliopiston tutkimuksessa selvitettiin viiden kasvilajin sietokykyä terästehtaan koksaamon jätevesien käsittelyssä.[69]

Kaikki kasvit sitoivat käsittelykasvustoon johdetusta, laimennetusta koksaamon jätevedestä ammoniumtyppeä sekä happea kuluttavia aineksia. Biologinen käsittely onnistuu parhaiten, kun kasveja käytetään tertiaaripuhdistamoissa, toisin sanoen viimeistelemään jo muilla menetelmillä käsiteltyjä – ja käsittelyn aikana laimentuneita – jätevesiä ennen likavesien johtamista vesistöön.

Viidestä kasvilajista rantakukka oli yksi tehokkaimmista haitta-aineksien pidättäjistä, ja lajin sietokyky jätevesien kemikaalikuormalle oli erinomainen. Korkeissa jätevesien pitoisuuksissa – kun raakajätevettä oli koko virtaamasta yli 30 prosenttia – kasvien fysiologiset toiminnot heikkenivät.

Puhdistajiksi valjastettujen kasvien yhteyttämistapahtumat (fotosynteesi) heikkenivät, ja tärkeiden entsyymien ja fysiologisten merkkiaineiden kuten proliini-aminohapon aktiivisuus ja määrät muuttuivat tavalla, joka ilmentää kasvien stressitilaa. Parhaat kandidaatit kuten rantakukka osoittautuivat käyttökelpoisiksi vesistöjä vakavasti kuormittavien koksaamojätevesien puhdistajiksi.

7

Torjuntaa monin keinoin

Myrkyillä vaihtelevia tuloksia

Maatilataloudessa ei-toivottujen rikkakasvien torjunnassa käytetään kemialliselta koostumukseltaan ja vaikutustavoiltaan erilaisia kemikaaleja. Torjunta-aineilla (myrkyillä) on yritetty käydä myös Pohjois-Amerikassa villisti levittäytyvää rantakukkaa vastaan, mutta tulokset eivät vaikuta kovin lupaavilta. Kemikaalikäsittelyjen tulokset vaihtelevat niin torjuntatehon kuin vaikutuksen keston suhteen.

Yhdysvaltalaisen Nebraskan yliopiston professorin Stevan Knezevicin johdolla tehdyissä, 10 vuotta kestäneissä kokeissa testattiin 14 eri torjunta-aineen tehoa rantakukan kasvun hillitsijänä. Kokeissa käytetyt torjunta-aineet (kukin kahtena eri voimakkuutena) olivat: glyfosaatti, 2,4-D dimetyyliamiini, trikloropyr, imazapyyri, metsulforoni, fosamiini, trikloropyyrin ja 2,4-D amiinin yhdistelmä sekä metsulforonin ja 2,4-D amiinin yhdistelmä.[70]

Parhaat tulokset saavutettiin käyttämällä suuria annoksia glyfosaattia, imazapyyriä ja metsulfonia. Näillä kolmella torjunta-aineella saavutettiin yli 90 prosentin torjuntateho rantakukkaa vastaan, ja vaikutus kemikaalin levittämisestä lähtien kesti 360 vuorokautta. Heikoimmin rantakukkaan tehosivat fosamiini ja 2,4-D amiini.

Kemikaalikäsittelyn teho riippui paitsi käytetyistä torjunta-aineista myös torjunnan kohteena olevien rantakukkakasvustojen iästä. Mitä vanhempaan ja vakiintuneempaa kasvustoon yritettiin vaikuttaa, sitä voimakkaampia kemikaalikäsittelyjä tarvittiin hävittämään kasvi kokonaan.

Myrkytys voi jopa voimistaa lajia

Kemiallinen torjunta voi hävittää rantakukan laajalta alueelta, mutta käsittely voi kasvin tuhoamisen sijasta päinvastoin antaa tulokkaalle entistä paremmat mahdollisuudet. Eniten käytetty – ja ainakin useissa Yhdysvaltain osavaltioissa myös vesistöjen varsilla hyväksytty – torjunta-aine glyfosaatti ei tuhoa rantakukan kovakuorisia siemeniä.

Torjunta-aineiden avulla luotu kasveista tyhjä ja kilpailuvapaa maaperä on otollinen paikka uusien siementaimien kehittymiselle. Ja kuten tunnettua, rantakukan siementuotanto on valtava, ja siksi muukalaisen siemeniä on maaperässä valmiina odottamassa. Glyfosaattikäsittely ei ehkä poistakaan rantakukkaa, vaan saattaa itse asiassa luoda otolliset mahdollisuudet entistä tiheämpään ja vahvempaan tulokaskasvin yhdyskuntaan.

Jos rantakukkaa torjutaan glyfosaatilla, käsittelyä pitäisi täydentää levittämällä maaperään toista torjunta-ainetta, 2,4-D -valmistetta, joka estää siementen itämisen.[71]

Tulokkaan haitallisuudessa monta vivahdetta

Rantakukka on julistettu Pohjois-Amerikassa yhdeksi haitallisimmista vieraslajeista, jonka tahallinen istuttaminen tai levittäminen on kiellettyä ja jonka torjuntaan käytetään – usein turhaan – vuosittain miljoonia dollareita. Maisemassa varsinkin kukinta-aikaan erottuva purppurakukkainen tulokas on levittäytynyt poikkeuksellisen nopeasti ja laajalle alueelle.

Reilussa puolessatoista vuosisadassa rantakukka on valloittanut kaikki Yhdysvaltin mannerosavaltiot Floridaa lukuun ottamatta. Vieraslajin tunkeutuminen ja tulokkaan aiheuttamat kasviston ja eläimistön muutokset voi kuitenkin nähdä myös luonnollisena prosessina, jota voi verratta alkuperäisten luonnonvaraisten kasvien asemaan.

New England Wild Flower Societyn tutkija Elizabeth Farnsworth ja University of Connecticut -yliopiston tutkija Donna Ellis kysyivät jo parikymmentä vuotta sitten *Wetlands*-tiedelehden artikkelissaan, pitäisikö rantakukkaa sittenkään luokitella yksinomaan vain maahantunkeutujaksi. Tulokkaan yhä laajempi esiintymisalue tai paikallisesti saavutettu valta-asema eivät kaikissa suhteissa poikkea mitenkään alkuperäislajiston asemasta: Kysymys on pitkälti siitä, mitä muuttujia lajistollisessa vertailussa käytetään.

Selventääkseen kysymyksen asettelua tutkijat analysoivat Yhdysvaltain koillisosan Connecticutin osavaltiossa rantakukan asemaa viidellä kosteikkoalueella. Kussakin kohteessa analysoitiin 30 yhden neliömetrin suuruista koealaa, joilta tutkittiin kasviekologian vakiomenetelmin muun muassa kunkin kasvilajin tiheys (yksilömäärä pinta-alaa kohti), versoston (eli maanpäällinen) biomassa kasvukauden lopulla sekä luetteloitiin kaikki kasvilajit.

Koealojen muiden kasvien suhdetta ruuduilla kasvaviin rantakukkiin selvitettiin kolmen muuttujan mittauksilla: (a) Kasvien kokonaistuotanto, eli rantakukan biomassa vastaan muiden lajien biomassa, b) Lajiston monimuotoisuus, eli rantakukan yksilömäärä vastaan muiden lajien kokonaismäärä, (c) Kasviston kattavuus, eli rantakukan yksilöiden peittävyys vastaan muiden kasvien peittävyys.

Vaikka suurikokoinen ja kukkiessaan näyttävä rantakukka erottuu kosteikkojen ja rantaniittyjen maisemassa yhtenäisinä, yksilajisina yhdyskuntina eli monokulttuureina, tulokkaan sekaan mahtuu useimmiten myös laaja kirjo alkuperäisluonnon edustajia. Tutkimuksessa rantakukan yksilömäärä tai versoston peittävyys eivät korreloineet muiden kasvilajien kasvilajin monimuotoisuuteen.[72]

Muiden kasvilajien esiintymisfrekvenssi (kuinka monessa prosentissa kaikista ruuduista lajia tavataan) ei sanottavasti riippunut rantakukan yksilötiheydestä. Toisin sanoen muiden lajien keskimääräinen esiintymisfrekvenssi oli jokseenkin sama riippumatta siitä, oliko rantakukan kasvutiheys alhainen vai suuri. Yleinen johtopäätös kasvilajien esiintymisestä rantakukkakosteikoilla oli, että *yksikään muu kasvilaji ei yksiselitteisesti liittynyt tulokaslajiin, eikä yhdenkään lajin voi sanoa yksiselitteisesti kadonneen rantakukan takia.*

Tosiasiassa rantakukka kyllä muuttaa kosteikkojen kasvistoa, kun tarkastellaan lajien määräsuhteita. Vertailtaessa kasvien versostobiomassoja, muiden lajien biomassat korreloivat negatiivisesti rantakukan biomassaan. Toisin sanoen, mitä suuremmiksi ja tiheämmiksi tulokaslajin kasvustot kehittyivät, sitä vähäisemmäksi jäi muiden kasvilajien kasvu ja biomassa.

Ruuduilla, joissa rantakukka oli valtalaji, tulokkaan biomassat kasvoivat selvästi suuremmiksi kuin vastaavat tuotantoarvot olivat muiden lajien hallitsemilla ruuduilla, joissa rantakukkaa ei ole. Pitkällä aikavälillä biomassavertailussa alakynteen jääneet lajit väistämättä kärsivät sekä tilakilpailun että heikentyneen lisääntymispotentiaalin takia.

Johtopäätöksenään tutkijat toteavat, että rantakukan asemaa ja vaikutuksia arvioitaessa on syytä selvittää samanaikaisesti useita ekologisia muuttujia, ei ainoastaan lajin esiintymistä tai puuttumista jollakin paikalla. Etenkin kasvilajien biomassa- ja tuotantosuhteiden selvittäminen antaa tärkeää tietoa tulokaslajin valloituksen mekanismeista ja kyvystä saavuttaa hallitseva asema kosteikkoyhteisöissä.

Torjunnassa huomioitava muutkin tulokkaat

Rantakukan laajat monokulttuurit ovat maisemassa hallitsevia, eivätkä yhdyskunnat kauneudestaan huolimatta ole toivottuja. Muukalaisena Uuteen maailmaan levittäytyneen vieraslajin menestys on poissa alueen alkuperäiseltä eliöstöltä, jonka voimakas kilpailija voi pahimmillaan syrjäyttää peruuttamattomasti. Mutta rantakukka ei ole rantojen kosteikoilla suinkaan ainoa menestyksekäs tulokas.

Samanlaisilla kosteilla niityillä ja aivan vesirajan tuntumassa kasvava ruokohelpi – tämäkin Suomessa tavallinen luontomme alkuperäislaji – on lähes yhtä tehokas uusien alojen valtaaja kuin rantakukka. Oregonin valtionyliopiston ja maatalousministeriön tutkijat vertasivat näiden kahden tulokkaan menestystä ja kilpailukykyä 24 kosteikkoalueella Yhdysvaltain Tyynenmeren rannikkovyöhykkeillä liittovaltion koillisosissa. Muukalaisten kohtaloissa ja menestyksessä on paljon yhtenäisiä piirteitä.

Tutkimuksessa analysoitiin kosteikkokasvillisuudesta neljää lajistollisen monimuotoisuuden ominaisuutta – pinta-alaa kohti lasketun lajilukumäärän lisäksi kolmea matemaattista, kasvustojen monimuotoisuutta kuvaavaa indeksiä.[73]

Kenttätutkimuksissa osoittautui, että kahden tulokkaan vaikutukset esiintymispaikkojensa kasvillisuuden monimuotoisuuteen olivat yhteneväiset kaikkien neljän mitatun ominaisuuden suhteen. Toinen yhtenäinen – ja samalla tulokkaiden menestystä selittävä ja kasviyhteisölle ratkaiseva piirre on, että tulokaskasvien vaikutus alkuperäislajistoon riippuu eniten valloittajan versoston tiheydestä (yksilömäärästä pinta-alayksikköä kohti).

Rantakukan ja ruokohelven menestys on lähes yksinomaan kasvien lajiominaisuuksien ansiota. Paikallisilla kasvupaikkaominaisuuksilla kuten kosteusoloilla, maaperän laadulla tai pinnanmuodoilla ollut vaikutusta siihen, kuinka tehokkaasti tulokaslajit syrjäyttävät alkuperäistä kasvistoa.

Kahden tulokaslajin yhtenäiset kilpailuasetelmat korostavat, kuinka vaikeaa muukalaisia on torjua. Yhdysvalloissa on toistaiseksi panostettu miljoonia dollareita rantakukan hävittämiseen ja torjuntaan, mutta pitkällä aikavälillä tämä ei riitä. Jos tavoitteena on turvata kosteikkoniittyjen alkuperäiskasvisto, rantakukan torjunnan ohella on kiinnitettävä huomiota ainakin ruokohelven esiintymiseen. Vain yhden ei-toivotun muukalaisen estäminen voisi johtaa toisen tulokkaan dominoimaan kasvistoon, oregonilaistutkijat korostavat.

Torjuntakeinoja syytä yhdistää

Kanadan St Lawrence -joen suistoalueen kosteikoissa rantakukan todettiin olevan yleisimmin esiintyvä tulokaskasvi. Maisemassa varsinkin kukinta-aikaan dominoiva muukalainen ei kuitenkaan ole kokonaismääriltään ja -vaikutuksiltaan merkittävin tulokas. Queen's University -yliopiston tutkijan Keiko Luin johtamassa vieraslajiselvityksessä ainakin kahden muun tulokaslajin kasvustojen tiheydet ja haitalliset kilpailuvaikutukset olivat rantakukkaa suuremmat.

Meilläkin tutut – ja täällä alkuperäiseen luontoon kuuluvat – rantojen heinälajit järviruoko ja ruokohelpi syrjäyttävät St Lawrencen suistoalueella enemmän kosteikkojen alkuperäisiä lajeja kuin vihan ja aktiivisen torjunnan kohteeksi joutunut rantakukka.[74]

Taistelu rantakukan leviämistä vastaan on vain harvoissa tapauksissa onnistunut odotusten tai toiveiden mukaisesti. Vieraslajin hävittäminen vain yhdellä – ainakin teoriassa tehokkaalla – keinolla ei ole luonnonoloissa riittävää. Yhdistämällä luonnollinen, lehtikuoriaisten avulla toteutettu biologinen torjunta tehokkaaksi osoitettuun kemialliseen torjunta-ainekäsittelyyn takaa parhaat tulokset, osoittavat kanadalaisen Manitoban yliopiston koesarjat.[75]

Kolmivuotisissa kenttäkokeissa kahden hehtaarin laajuisilla rantakukkakasvustoilla vieraslajille annosteltiin yhdessä sarjassa pelkästään glyfosaattia, toisessa koesarjassa rantakukkaa altistettiin eri määrille *Galerucella calmariensis* -lehtikuoriaisia, ja kolmannessa koesarjassa glyfosaatilla käsiteltyyn rantakukka-kasvustoon siirrettiin lehtikuoriaisia. Kussakin koesarjassa torjunnan tehoa arvioitiin mittaamalla kokeen lopulla rantakukan versojen pituutta, kukinnon kokoa, kukkien lukumäärää, kukkien tuottamien hedelmien määrää sekä kasvuston kaikkien yksilöiden kokonaismäärää.

Integroitu, sekä kemiallisen että biologisen torjunnan yhdistävä käsittely vähensi merkittävästi rantakukan versojen määrää koealoilla. *Galerucella*-lehtikuoriaiset yksin toimiessaan eivät vähentäneet versojen lukumäärää, mutta kasviyksilöiden pituuskasvu aleni lähes 70 prosentilla. Pelkästään glyfosaatti-käsittelyyn perustuva kemiallinen torjunta ei pystynyt tuhoamaan vieraslajia, sillä rantakukan versojen lukumäärä lisääntyi kokeen aikana.

8

Vaikutusta myös eläinkuntaan

Osa linnuista kärsii, mutta monet hyötyvät

Tehokkaasti uusia alueita valloittavien vieraslajien kyky syrjäyttää kasvupaikkojen alkuperäistä kasvilajistoa ja siten yksipuolistaa yhdyskuntia on tuttu, lähes sääntönä pidettävä seuraus. Aggressiivisesti lisääntyvien tulokkaiden vaikutuksista muun eliökunnan rakenteeseen on vain niukasti tutkimuksia. Linnut voivat tietysti helposti vaihtaa elinpaikkojaan, mutta uuden dominoivan kasvilajin ilmaantuminen voi johtaa sekä ruokailu- että pesimämahdollisuuksien muutoksiin – hyvässä tai pahassa.

Yhdysvaltalaisissa tutkimuksissa on todettu rantakukan valloituksen johtaneen merkittäviinkin muutoksiin linnuston lajikoostumuksessa. Useiden erityisesti rantakosteikoilla tavattavien lintulajien todettiin karttavan pesimistä ja ruokailua rantakukan dominoimilla alueilla.[76]

Pohjois-Amerikan linnuston ja linnuille tärkeiden elinpiirien suojelua edistävän National Audubon Society -järjestön tutkija Brian Tavernia ja Tufts University -yliopiston tutkija J. Michael Reed vertailivat linnuston koostumusta ympäristöolosuhteiltaan ja kasvilajistoltaan vaihtelevilla kosteikoilla. Erityinen tarkkailun kohde oli, miten rantakukan läsnäolo sekä kasvustojen tiheys tai koko vaikuttivat linnustoon. Yleinen oletus dominoivan tulokaskasvin haitallisuudesta osoittautui turhan negatiiviseksi, vaikka moni lintulaji selvästi kärsi rantakukan aiheuttamasta kasviston muutoksesta.

Useat lintulajit myös selvästi hyötyivät ja yleistyivät rantakukan kotiuduttua kosteikoille. Mitään yksiselitteistä mallia tulokaskasvin ja lintulajien reaktioista ei vertailuissa ilmennyt. Paikalliset olosuhteet vaihtelevat yksittäisenkin kosteikon eri osissa, joten kiistattomia syy-seuraussuhteita rantakukan ja linnuston välillä ei pystytty osoittamaan.[77]

Suuri vaihtelu myönteisestä kielteiseen vaikeuttaa päätöksiä Pohjois-Amerikassa laajoilla alueilla suoritettavien rantakukan karkottamistoimien valintaan. Se, että osa linnuista hyötyy tulokkaasta, on syytä huomioida arvioitaessa rantakukan aiheuttamien muutosten merkitystä, tutkijat päättelevät.

Tulokaskasvi muuttaa eläinten ruokavaliota

Ravinnon määrä ja laatu ratkaisevat pitkälti eläinten fysiologista kuntoa ja suorituskykyä, ja ravinnon käytössä puolestaan paikallinen tarjonta on avainasemassa. Kasvinsyöjien ruokavalio voi muuttua radikaalistikin, jos eläinten käyttöön vakiintuu uudislajeja, joiden kemiallinen koostumus saattaa poiketa elinpiirin alkuperäisen kasviston ominaisuuksista. Tutkimuksessa selvitettiin rantakukan vaikutusta sammakkoeläinten toukkien ravinnonvalintaan ja käyttöön. Kohteina olivat metsäsammakko (*Rana sylvatica*) sekä *Rana sphenocephala* -sammakkolaji.

Toukkien ravintokokeet tehtiin ulko-oloissa, ja poikasille oli tarjolla samanaikaisesti paikallisen kasvillisuuden kariketta sekä rantakukan hajonnutta ja hajoavaa solukkoa. Sammakon poikasten käyttämän ravinnon laatu ja eri kasvilajien osuudet syödyssä ravinnossa tutkittiin analysoimalla kasvimateriaaleista lajikohtaisesti erottuvia typen (^{15}N) ja hiilen (^{13}C) isotooppeja.

Koetulokset osoittivat, että molempien sammakkolajien toukat valikoivat aktiivisesti ravinnokseen rantakukkaa. Tulosta voi pitää yllättävänä, sillä rantakukan solukoissa tiedetään olevan eläimille haitallisia yhdisteitä kuten tanniineja huomattavasti suurempina pitoisuuksina kuin useimmissa paikallisissa, samaan aikaan tarjolla olleissa kasviaineksissa. Valintaan saattaa olla syynä se, että haitta-aineiden ohella rantakukan solukoissa on myös useita ravinteita enemmän kuin useimmissa muissa kasvikarikkeissa.[78]

Toisessa kokeessa amerikankonnan (*Bufo americanus*) toukat kärsivät rantakukan karikkeesta liuenneista yhdisteistä, mutta muuten samanlaisissa oloissa leveäosmankäämistä vapautuneet yhdisteet eivät vaikuttaneet toukkien kehitykseen. Samoissa oloissa kasvatettuihin *Hyla versicolor* -puusammakoiden toukkiin eivät rantakukan tai osmankäämin yhdisteet vaikuttaneet mitenkään. Haitallisiksi kasvisolukoista vapautuneiksi kemiallisiksi tekijöiksi tutkijat päättelevät erilaiset tanniinit ja fenoliyhdisteet.

Amerikankonnan toukkien herkkyys rantakukasta vapautuneille tanniineille tulkittiin toukkien hengitysmekanismista johtuvaksi. Näillä sammakoilla hapensaanti perustuu yksinomaan kidusten käyttöön, ja tanniinien arvioitiin vahingoittaneen kiduksia. *Hyla*-puusammakot puolestaan hengittävät jo nuorina toukkina keuhkojen kautta. Ilmeisesti keuhkot ovat kiduksia kestävämpi elin sietämään kasvien sekundaariyhdisteille altistumista.[79]

Aikaisemmin muualla tehdyissä kokeissa rantakukan karikkeen on todettu hidastavan amerikankonnan poikasten kehitystä, mutta osmankäämin karikkeella ei tällaista haittavaikutusta havaittu.

Toukkien suolen sisältöanalyysit osoittivat, että pienikokoisten levien lajisto on erilainen rantakukan ja osmankäämin hallitsemissa vesissä. Leväravinnon muutos osoittautui syyksi rupikonnan toukkien ja nuorten yksilöiden kasvun hidastumisen ja tavallista suurempaan poikaskuolleisuuteen.

Välillisesti suurten putkilokasvien (kokeessa rantakukan ja osmankäämin) karikkeen laadusta johtuvien levälajiston muutosten kautta kosteikkoyhteisön ravintoverkkojen rakenne ja toiminta muuttuvat, millä on vaikutusta koko ekosysteemin toimintaan.[80]

Lampaat pitävät muukalaista kurissa

Viime vuosikymmeninä kiihtyvään tahtiin edennyt luonnon rehevöityminen näkyy dramaattisina muutoksina etenkin vesistöissä ja rantaniityillä. Sekä merenrantojen että sisävesien rantoja reunustavien kosteikkojen valtalajeja, etenkin nopeasti kasvavaa järviruokoa on monin paikoin onnistuttu pitämään kurissa ja lajin etenemistä rajoittamaan pitämällä niityillä laiduntavaa karjaa tai lampaita. Sama luonnonmukainen menetelmä näyttää tehoavan myös kampailussa Pohjois-Amerikassa vakavaksi vieraslajiksi osoittautunutta rantakukkaa vastaan.

New Yorkin valtionyliopiston tutkijat osoittavat vuonna 2011 julkaistussa tutkimuksessaan, että rantaniityllä laiduntavat lampaat syövät mieluusti rantakukkaa kasvin eri kasvuvaiheissa ja pystyvät näin hillitsemään yleensä nopeasti kasvavaa ja uusille paikoille levittäytyvää muukalaislajia.

Kokeellisessa, kosteilla rantaniityillä toteutetussa tutkimuksessa lampaita pidettiin yhden kasvukauden ajan – toukokuusta elokuuhun vuonna 2008 – rajatuissa aitauksissa, joissa eläimet vaihtoivat paikkaa kahden tai kolmen päivän välein. Vertailumateriaalina olivat saman kosteikkoniityn alat, joille laiduntajat eivät päässeet.

Laidunnus osoitti lampaiden syövän rantakukkaa ja muuta niittykasvillisuutta niin tehokkaasti, että useimmat kasviyksilöt eivät kehittyneet kukkimisvaiheeseen saakka. Kokeen pääasiallisen kohdekasvin rantakukan peittävyys väheni lampaiden laiduntamilla niittylaikuilla keskimäärin 40.7 prosentilla. Laiduntamattomilla vertailualoilla lajin kasvu oli normaalia, eikä peittävyysarvoissa havaittu muutoksia.[81]

Rantakukan voimakasta biologista kilpailukykyä osoittaa niityn lajistollinen muutos. Lampaiden laiduntamilla aloilla niittykasvillisuuden monimuotoisuus lisääntyi laiduntamisen seurauksena 20 prosentilla vertailualueiden vastaavaan lajikoostumukseen verrattuna.

Lampaiden ohella myös luonnonvaraiset nisäkkäät käyttävät ja jopa suosivat rantakukkaa ravintokasvinaan. Laji kuuluu ainakin valkohäntäpeuran, piisamin ja jänisten/kanien ruokavalioon. Näiden lisäksi joidenkin suurikokoisten lintulajien – esimerkiksi Pohjois-Amerikan runsaslukuisimmaksi mainitun lintulajin punaolkaturpiaalin (*Agelaius phoeniceus*) – tiedetään käyttävän rantakukkaa ravinnokseen.[82]

9

Rohtoja ja kosmetiikkaa

"Hyvää lääkettä ripuliin ja sentapaisiin vaivoihin"

Historiallisten lähteiden perusteella rantakukkaa on ainakin Euroopassa käytetty jo vuosisatojen ajan sekä ulkoisesti että sisäisesti moniin vaivoihin tehoavana lääke- tai rohdoskasvina. Erityisen paljon merkintöjä rantakukan rohdoskäytöstä on ruoansulatuselimistön vaivojen, etenkin ripulin ja punataudin hoidossa. Ulkoisesti rantakukkaa on käytetty parantamaan ihosairauksia.

Yleisimmin rantakukkaa on käytetty ruoansulatuskanavan vaivojen hoidossa. *Miten luonto parantaa* -kirjassaan professori Toivo Rautavaara mainitsee kasvin olevan "hyvää lääkettä ripuliin, suolitulehduksiin ja sentapaisiin vaivoihin". Lisäksi hän toteaa saksalaisten, Makedoniassa ensimmäisen maailmansodan aikana taistelleiden sotilaiden "käyttäneen sitä suuressa määrin".[83]

Suomen kielen uudistaja ja kehittäjä ja suomalaisen kasvitieteen edelläkävijä Elias Lönnrot kirjoitti *Flora Fennica, Suomen Kasvio* -kirjassaan rantakukasta, että "lehtikeitettä käytettiin punatautiin, vatsatautiin, valkeaisen vuotoon, verisylkyyn".[84]

Ennen synteettisten valmisteiden läpimurtoa rantakukan kukinnoista saatua purppuraväriä on käytetty leivosten ja makeisten koristelussa. Lajin juurakoissa on paljon tanniineja, ja näitä yhdisteitä ovat ainakin Mustanmeren ja Kaspianmeren kalastajat käyttäneet verkkojensa lankojen vahvistamisessa ja estämään ei-toivottujen otusten tarttumista pyydyksiin.

Eri puolilla Eurooppaa käytössä olleiden parantavien rohtojen ohella rantakukan aktiiviset yhdisteet soveltuvat ihonhoitoon ja tehostamaan ihon vaurioiden parantamista. Rantakukkaa on käytetty kansanomaisessa lääkinnässä sekä ulkoisesti että sisäisesti, ainakin ruoansulatuselimistön vaivojen hoidossa sekä verenvuotoa tyrehdyttämään. Kasvilla on käyttöä myös nykyaikana, ja uusiakin käyttökohteita löydetään.

Ranskalaisten kosmetiikka-alan yritysten ja Orléansin yliopiston tutkijoiden kokeellisessa selvityksessä rantakukan ellagitanniinit osoittautuivat tehokkaiksi ihon rakenteiden vahvistajina. Runsaina etenkin marjoissa ja hedelmissä tavattavat ellagitanniinit ovat flavonoideja, jotka tunnetaan aikaisemmin lääkinnällisistä vaikutuksistaan, esimerkiksi syövän torjunnassa ja hoidossa.

Tutkija Glorianne Jouravelin johtamassa tutkimuksessa selvitettiin rantakukan versosta uutettujen yhdisteiden vaikutuksia ihon yleisimpien solujen, keratosyyttien ominaisuuksiin. Lisäksi kasviuutteiden todettiin vaikuttavan myönteisesti ihon uloimman kerroksen epidermin (orvaskesi) solujen uusiutumiseen.

Kudostasolla rantakukan tanniinen todettiin parantavan myös vammautuneen ihon hoidossa käytettävien siirteiden ominaisuuksia. Solu- ja kudosnäytetason lisäksi rantakukkauutteiden myönteinen vaikutus osoitettiin myös terveen, vauriottoman ihon hoidossa, joten kasvilla näyttäisi olevan mahdollisuuksia myös modernien kosmetiikan tuotteiden raaka-aineina.[85]

Lythri herba: Monipuolinen, perinteinen parantaja

Rantakukan suosio rohdoskasvina on nykyisin vähäistä. Tehoaan kasvi ei ole varmasti menettänyt, ja tuore yhteenveto kannustaakin arvioimaan ja ajantasaistamaan rantakukan käyttömahdollisuuksia. Rantakukka on edelleen mukana lääkekasvien luetteloissa nimikkeellä *Lythri herba*.

Puolalaisen Varsovan lääketieteellisen yliopiston tutkijaryhmä kokosi julkaistuja tietoja rantakukan lääketieteellisestä käytöstä useiden vuosisatojen ajanjaksolta. Lukuisten merkintöjen ja kuvausten perusteella tutkijat luonnehtivat rantakukkaa poikkeuksellisen tehokkaaksi parannuskeinoksi perinteisessä kansanparannuksessa ja lääketieteessä. Lisäksi julkaisussa eritellään kasvin eri osien ja solukkojen sisältämien yhdisteiden käyttökelpoisuutta.[86]

Vaikka *Lythri herba* on tätä nykyä vain vähän käytössä, rantakukan kemiallisia ominaisuuksia on tutkittu varsin paljon myös moderneilla analyysimenetelmillä. Tiedot kasvin biologisesti aktiivisista yhdisteistä ovatkin tarkkoja.

Tärkeimmät rohdoskäyttöön soveltuvat yhdisteet löytyvät laajasta polyfenolien ryhmästä, joista etenkin marjoissa ja hedelmissä yleiset ellagitanniinit ja flavonoidit ovat useissa lääke- ja rohdosvalmisteissa käytettäviä aineosia. Farmakologisesti aktiivisia yhdisteitä on myös useissa rantakukasta eristetyistä polysakkarideissa (sokereissa).

Kemiallisten analyysien perusteella rantakukasta saatavilla yhdisteillä on mikrobeja tuhoavia, ripulia estäviä, solujen haitallista hapettumista estäviä eli antioksidanttisia, tulehdusta estäviä sekä diabetesta hillitseviä vaikutuksia.

Vaikutus tulehduksiin

Rantakukan biologisesti aktiivisten yhdisteiden lääkinnällisten vaikutusten toimintamekanismeista on julkaistu lukuisia yksityiskohtaisia tutkimuksia. Puolalaistutkijoiden testeissä osoitettiin kasviuutteiden pääasiallisen vaikutuksen kohdistuvan tulehdustilojen eliminointiin tai vaimentamiseen.

Varsovan lääketieteellisen yliopiston kokeissa rantakukan myönteiset vaikutukset kohdistuivat etenkin tärkeimpään valkosolutyyppiin neutrofiileihin. Ellagitanniinien myönteisiä vaikutuksia osoitettiin aineenvaihdunnassa tärkeiden hiilihydraattien ja elintoimintoja säätelevien entsyymien toiminnoissa.[87]

Lääkejäämät voivat jopa hyödyttää kasvia

Ihmistoiminnan tahattomien kemikaalipäästöjen vaikutuksia pidetään pääsääntöisesti haitallisina etenkin vesistöissä. Eitoivotuista seurauksista varsinkin ravinnekuormituksen aiheuttama rehevöityminen sekä eri päästölähteistä tulevan mikromuovin kerääntyminen eliöiden solukkoihin ja kudoksiin tunnustetaan vakaviksi haitoiksi.

Lääkkeiden käytöstä johtuva, väistämätön ongelma on voimakkaastikin biologisiin prosesseihin vaikuttavien yhdisteiden pääsy luontoon. Lääkejäämiä kertyy ravintoverkoissa eri tasoille, mutta lääkeaineiden todellisista vaikutuksista "hoidon kohteeksi" joutuneista eliöistä on vain vähän tutkittua tietoa.

Lääkejäämien vaikutuksista eläimiin on useita selvityksiä, mutta kasvien reaktioista tiedetään vähemmän. Italiassa Roomassa toimivan Tor Vergata -yliopiston tutkijat selvittävät antibioottisesti toimivan sulfadimethoxide -lääkeaineen vaikutusta rantakukkaan. Neljän viikon ajan koeoloissa seurattiin enimmillään 10 000-kertaisesti vaihtelevien lääkeannosten vaikutusta rantakukan kasvuun, kasvinosien suhteisiin sekä lääkejäämien kertymistä kasvin eri elimiin.

Yleistäen voidaan todeta lääkejäämien vaikutuksen rantakukkaan riippuvan kemikaaliannoksen voimakkuudesta ja vaikutuksen kohdistuvan eri tavoin kasvin eri elimiin. Hyvin pieninä pitoisuuksina antibiootti lisäsi rantakukan varsien ja lehtien kasvua, mutta suurina annoksina (pitoisuuksina) lääkejäämät olivat kasville myrkyllisiä. Rantakukan juuret ja siementaimet kärsivät antibioottivaikutuksesta kaikissa, myös alhaisimmissa pitoisuuksissa.[88]

10

Tulokkaasta osa luontoa

Alkuperäislajisto voi sopeutua tulokkaaseen

Rantakukan elinvoima Uudella mantereella on kiistaton kilpailutekijä suhteessa alkuperäislajistoon, mutta tulokkaan todellisia vaikutuksia amerikkalaiseen kosteikkoluontoon taidetaan kuitenkin pelätä turhan paljon. Vieraslajin voimakas kilpailukyky syrjäyttää muita lajeja varsinkin tulokkaan kotiutumisvaiheessa, mutta pitkällä aikavälillä rantakukan vaikutukset voivat olla suhteellisen vähäisiä.

Kanadalaisessa, British Columbian ja Guelphin yliopiston tutkijoiden maastotutkimuksessa rantakukan vaikutukset osoittautuivat lajin kotiutumisen jälkeisinä vuosina merkittäviksi, mutta ajan myötä tulokkaan dominoiva asema on heikentynyt. Vuosikymmeniä kotiutumisen jälkeen rantakukasta on tullut ainakin paikoin tavanomainen osa kosteikkoja, mikä mahdollistaa muiden tyypillisten rantalajien palautumisen kasvupaikoille.[89]

Ontariossa, Bar River -joen varsilla tutkittiin 41 kosteikkoalueen kasvillisuutta, erityisesti rantakukan osuutta kosteikon lajistossa. Yleiseen käsitykseen nähden yllätyksenä voidaan pitää johtopäätöstä, jonka mukaan kasvilajiston monimuotoisuus ei eronnut merkittävästi niillä aloilla, joilla rantakukkaa esiintyy niistä kohteista, joilla tulokaslajia ei ole lainkaan. Rantakukan esiintymisessä tulokkaan määrä (peittävyys kasvupaikan maa-alasta) ei vaikuttanut muiden lajien monimuotosuuteen.

Tutkituilla seuranta-aloilla ei tavattu yhtään kasvilajia, jonka esiintyminen olisi ollut harvinaisempaa rantakukan asuttamilla aloilla kuin kasvupaikoilla, joilla tulokasta ei ollut. Monen tyypillisen kanadalaisen kosteikkolajin, ainakin usean kaislalajin (*Scirpus* spp.) ja *Nuphar variegatum* -ulpukkalajin yksilömäärät olivat itse asiassa suurempia niiden kasvaessa yhdessä rantakukan kanssa kuin paikoilla, joilla rantakukkaa ei tavattu. Tutkimuksen johtopäätös oli, ettei rantakukan levittäytyminen ole vähentänyt kosteikkokasvien lajimääriä Ontariossa.

Myös alkuperäisissä haitallisia valtaajia

Aggressiivisesti lisääntyvien ja levittäytyvien vieraslajien uhka on varmasti todellinen, mutta muukalaisten merkitystä on ainakin paikoin liioiteltu. Kanadassa, Ontarion provinssissa Ottawan yliopiston tutkijat selvittivät 58 kosteikkoalueen kasvillisuudessa tavattavien, laajoja yhteisöjä dominoivien lajien alkuperiä.

Tarkkailussa oli neljä alueelle tyypillistä alkuperäislajia: leveäosmankäämi (*Typha latifolia*), kapeaosmankäämi (*Typha angustifolia*), pajulaji *Salix petiolaris* ja ulpukkalaji *Nuphar variegatum* sekä neljä alueelle vierasta tulokaslajia rantakukka (*Lythrum salicaria*), kilpukka (*Hydrocharis morsus-ranae*), ruokohelpi (*Phalaris arundinaceae*) ja paatsama (*Rhamnus frangula*).

Vertailuissa vieraslajit eivät saavuttaneet muuta eliölajistoa haitallisesti syrjäyttävää dominoivaa asemaa yhtään useammin kuin alkuperäiset kanadalaiskasvitkaan. Tutkijoiden johtopäätös ja suositus onkin tarkkailla eliöyhteisöjä kriittisesti myös silloin, kun hallitsevaan asemaan on nousemassa mikä tahansa laji, alkuperäisen luonnon edustaja tai vieras tulokas.[90]

Lähdeluettelo

1. Darwin C. 1859. *Lajien synty. Luonnollisen valinnan kautta eli luonnon suosimien rotujen säilyminen olemassaolon taistelussa.* (*The Origin of Species*). Suom. Pertti Ranta, 2. painos, 2016. Vastapaino, Tampere.
2. Silvertown J. 2005. *Demons in Eden. The Paradox of Plant Diversity.* The University of Chicago Press. Chicago & London. ISBN: 0-226-75771-4
3. Fleming JP & Dibble ED. 2015. Ecological mechanisms of invasion success in aquatic macrophytes. Hydrobiologia 746: 23–37; https://doi.org/10.1007/s10750-014-2026-y
4. Anderson MG. 1995. Interactions between Lythrum salicaria and native organisms: A critical review. Environmental Management 19(2): 225–231; https://doi.org/10.1007/BF02471992
5. Turunen S. 2015. *Valloittavat lajit. Tulokkaat ja vieraslajit tulimuurahaisista jättipalsamiin*. Intokustannus. Helsinki.
6. Cao L, Larson J & Sturtevant R. 2020. *Lythrum salicaria* L.: U.S. Geological Survey, Nonindigenous Aquatic Species Database, Gainesville, FL, and NOAA Great Lakes Aquatic Nonindigenous Species Information System, Ann Arbor, MI; https://nas.er.usgs.gov/queries/greatlakes/FactSheet.aspx?SpeciesID=239
7. Wilson M, Schwarzlaender M, Blossey B & Randall CB. 2004. *Biology and Biological Control of Purple Loosestrife.* USDA Forest Service / UNL Faculty Publications. Paper 112. http://digitalcommons.unl.edu/usdafsfacpub/112
8. IUCN, Invasive Species Specialist Group. 2008. *View 100 of the World's Worst Invasive Alien Species*; http://www.issg.org/worst100_species.html

9. Lavoie C. 2010. Should we care about purple loosestrife? The history of an invasive plant in North America. Biological Invasions 12(7): 1967–1999; https://doi.org/10.1007/s10530-009-9600-7
10. Pimentel D, Lach L, Zuniga R & Morrison D. 2000. Environmental and economic costs of nonindigenous species in the United States. BioScience 50: 53–65; https://doi.org/10.1641/0006-3568(2000)050[0053:EAECON]2.3.CO;2
11. Blossey B, Skinner LC & Taylor J. 2001. Impact and management of purple loosestrife (Lythrum salicaria) in North America. Biodiversity and Conservation 10(10): 1787–1807; https://doi.org/10.1023/A:1012065703604
12. Hämet-Ahti L, Suominen J, Ulvinen T, Uotila P & Vuokko S. (Toim.). 1998. *Retkeilykasvio.* 4. uudistettu painos. Luonnontieteellisen keskusmuseon kasvimuseo. Helsinki.
13. Mal TK, Lovett-Doust J, Lovett-Doust L & Mulligan GA. 1992. The biology of Canadian weeds. 100. Lythrum salicaria. Canadian Journal of Plant Sciences 72: 1305–1330.
14. Whigham DF, McCormick J, Good RE & Simpson RL. 1978. Biomass and primary production in freshwater tidal wetlands of the Middle Atlantic coast. *In:* Good RE, Whigham DF, Simpson RL (Editors), *Freshwater Wetlands. Ecological Processes and Management Potential*, pp. 3–18. Academic Press.
15. Darwin C. 1864. On the sexual relations of the three forms of *Lythrum salicaria*. Journal of the Proceedings of the Linnean Society of London. Botany 8(31) 169–196; http://onlinelibrary.wiley.com/doi/10.1111/j.1095-8312.1864.tb01085.x/full
16. Thompson K. 2018. *Darwin's Most Wonderful Plants. Darwin's Botany Today*. 255 pp. Profile Books. London.

17. Costa J, Castro S, Loureiro J & Barrett SCH. 2017. Experimental insights on Darwin's cross-promotion hypothesis in tristylous purple loosestrife (*Lythrum salicaria*). American Journal of Botany 104(4): 616–626; https://doi.org/10.3732/ajb.1600408
18. Darwin C. 1877. *The Different Forms of Flowers on Plants of the Same Species.* With a new Foreword by Herbert G. Baker, 1986. The University of Chicago Press. 352 pp.
19. Balogh CM & Barrett SCH. 2018. Genetic and environmental influences on partial self-incompatibility in *Lythrum salicaria* (Lythraceae). International Journal of Plant Sciences 179(6): 423–435; https://doi.org/10.1086/698211
20. Brown BJ, Mitchell RJ & Graham SA. 2002. Competition for pollination between an invasive species (purple loosestrife) and a native congener. Ecology 83(8): 2328–2336; DOI: 10.1890/0012-9658(2002)083[2328:CFPBAI]2.0.CO;2
21. Denoth M & Myers JH. 2007. Competition between *Lythrum salicaria* and a rare species: combining evidence from experiments and long-term monitoring. Plant Ecology 191(2): 153–161, 2007; https://link.springer.com/article/10.1007/s11258-006-9232-2
22. CABI. 2019. *Lythrum salicaria* (Purple loosestrife). *In:* Invasive Species Compendium. Wallingford, UK: CAB International; https://www.cabi.org/isc/datasheet/31890#tosummaryOfInvasiveness
23. Welling CH & Becker RL. 1993. Reduction of purple loosestrife establishment in Minnesota wetlands. *Wildlife Society Bulletin, 21*(1), 56–64; www.jstor.org/stable/3783362
24. Wilson M, Schwarzlaender M, Blossey B & Randall CB. 2004. *Biology and Biological Control of Purple Loosestrife.* USDA Forest Service / UNL Faculty Publications. Paper 112. http://digitalcommons.unl.edu/usdafsfacpub/112

25. Yakimowski SB, Hager HA & Eckert CG. 2005. Limits and effects of invasion by the nonindigenous wetland plant *Lythrum salicaria* (purple loosestrife): a seed bank analysis. Biological Invasions 7(4): 687–698; https://doi.org/10.1007/s10530-004-5858-y
26. Colautti RI, Eckert CG & Barrett SCH. 2010. Evolutionary constraints on adaptive evolution during range expansion in an invasive plant. Proceedings of the Royal Society B. Biological Sciences 277(1689): 1799–1806; DOI: 10.1098/rspb.2009.2231
27. Klips RA & Peñalosa J. 2003. The timing of seed fall, innate dormancy, and ambient temperature in *Lythrum salicaria.* Aquatic Botany 75(1): 1–7; https://doi.org/10.1016/S0304-3770(02)00148-1
28. Maki K & Galatowitsch. 2004. Movement of invasive aquatic plants into Minnesota (USA) through horticultural trade. Biological Conservation 118(3): 389–396; https://doi.org/10.1016/j.biocon.2003.09.015
29. Stewart A. 2010. *Wicked Plants. The A-Z of Plants That Kill, Maim, Intoxicate and Otherwise Offend*. Timber Press. London.
30. North Dakota State University. 2018. Identification and Control of Purple Loosestrife (*Lythrum salicaria* L.); https://www.ag.ndsu.edu/publications/crops/identification-and-control-of-purple-loosestrife-lythrum-salicaria-l
31. Twolan-Strutt L & Keddy PA. 1996. Above- and below-ground competition intensity in two contrasting wetland plant communities. Ecology 77(1): 259–270; https://doi.org/10.2307/2265675
32. Keddy P, Fraser LH & Wisheu IC. 1998. A comparative approach to examine competitive response of 48 wetland plant species. Journal of Vegetation Science 9(6): 777–786; https://doi.org/10.2307/3237043

33. Hager HA & Vinebrooke RD. 2004. Positive relationships between invasive purple loosestrife (*Lythrum salicaria*) and plant species diversity and abundance in Minnesota wetlands. Canadian Journal of Botany 82(6): 763–773; https://doi.org/10.1139/b04-052
34. Edwards KR, Adams MS & Kvet J. 1998. Differences between European native and American invasive populations of Lythrum salicaria. Applied Vegetation Science 1(2): 267–280; DOI: 10.2307/1478957
35. Chun YJ, Kim C-G & Moloney KA. 2010. Comparison of life history traits between invasive and native populations of purple loosestrife (*Lythrum salicaria*) using nonlinear mixed effects model. Aquatic Botany 93(4): 221–226; https://doi.org/10.1016/j.aquabot.2010.09.001
36. Halkka O & Halkka L. 1974. Polymorphic balance in small island populations of *Lythrum salicaria*. Annales Botanici Fennici 11(4): 267–270; http://www.jstor.org/stable/23725077
37. Heuch I. 1980. Loss of incompatibility types in finite populations of the heterostylous plant, *Lythrum salicaria*. Hereditas 92(1): 53–57; https://doi.org/10.1111/j.1601-5223.1980.tb01678.x
38. Dech JP & Nosko P. 2004. Rapid growth and early flowering in an invasive plant, purple loosestrife (Lythrum salicaria L.) during an El Niño spring. International Journal of Biometeorology 49(1): 26–31; DOI https://doi.org/10.1007/s00484-004-0210-x
39. Colautti RI & Barrett SC. 2013. Rapid adaptation to climate facilitates range expansion of an invasive plant. Science 342(6156): 364–366; DOI: 10.1126/science.1242121
40. Colautti RI, Ågren J & Anderson JT. 2017. Phenological shifts of native and invasive species under climate change: insights from the *Boechera-Lythrum* model. Philosophical Transactions of the Royal Society of London; B. Biological Sciences 372(1712); https://doi.org/10.1098/rstb.2016.0032

41. Montague JL, Barrett SCH & Eckert CG. 2008. Re-establishment of clinal variation in flowering time among introduced populations of purple loosestrife (*Lythrum salicaria*, Lythraceae). Journal of Evolutionary Biology 21(1): 234–245; doi: 10.1111/j.1420-9101.2007.01456.x.
42. Iriyama Y, Uchida T & Takayama M. 2004. Allelopathic activities among four hydrophytes. Journal of Japanese Society of Revegetation Technology 30(1): 169–174; https://doi.org/10.7211/jjsrt.30.169
43. Shi J, Joshi J, Tielbörger K, Verhoeven KJF & Macel M. 2018a. Costs and benefits of admixture between foreign genotypes and local populations in the field. Ecology and Evolution 8(7): 3675–3684; https://doi.org/10.1002/ece3.3946
44. Shi J, Macel M, Tielbörger K & Verhoeven KJF. 2018b. Effects of admixture in native and invasive populations of *Lythrum salicaria*. Biological Invasions 20(9): 2381–2393; https://doi.org/10.1007/s10530-018-1707-2
45. Cao L, Larson J & Sturtevant R. 2020. *Lythrum salicaria* L.: U.S. Geological Survey, Nonindigenous Aquatic Species Database, Gainesville, FL, and NOAA Great Lakes Aquatic Nonindigenous Species Information System, Ann Arbor, MI; https://nas.er.usgs.gov/queries/greatlakes/FactSheet.aspx?SpeciesID=239
46. Galatowitsch SM, Anderson NO & Ascher PD. 1999. Invasiveness in wetland plants in temperate North America. Wetlands 19(4): 733–755; https://doi.org/10.1007/BF03161781
47. Wilcox DA. 1989. Migration and control of purple loosestrife (*Lythrum salicaria* L.) along highway corridors. Environmental Management 13(3): 365–370; https://doi.org/10.1007/BF01874916
48. Stevens KJ, Peterson RL & Reader RJ. 2002. The aerenchymatous phellem of *Lythrum salicaria* (L.): a pathway for gas transport and its role in flood tolerance. Annals of Botany 89(5): 621–625; https://doi.org/10.1093/aob/mcf088

49. Warren RJ, Potts DL & Frothingham KM. 2015. Stream structural limitations on invasive communities in urban riparian areas. Invasive Plant Science and Management 8(3): 353–362; https://doi.org/10.1614/IPSM-D-14-00081.1
50. Bastlová D, Bastl M, Čížková H & Kvet J. 2006. Plasticity of *Lythrum salicaria* and *Phragmites australis* growth characteristics across a European geographical gradient. Hydrobiologia 570(1): 237–242; https://link.springer.com/article/10.1007/s10750-006-0186-0
51. Benvenuti S, Benelli G, Desneux N & Canale A. 2016. Long lasting summer flowerings of *Lythrum salicaria* as honeybee-friendly flower spots in Mediterranean basin agricultural wetlands. Aquatic Botany 131: 1–6; http://www.sciencedirect.com/science/article/pii/S0304377016300080
52. Simberloff D & Von Holle B. 1999. Positive interactions of nonindigenous species: invasional meltdown? Biological Invasions 1(1): 21–32.
53. Mal TK, Lovett-Doust J, Lovett-Doust L & Mulligan GA. 1992. The biology of Canadian weeds. 100. Lythrum salicaria. Canadian Journal of Plant Sciences 72: 1305–1330.
54. CABI. 2019. *Lythrum salicaria* (Purple loosestrife). *In:* Invasive Species Compendium. Wallingford, UK: CAB International; https://www.cabi.org/isc/datasheet/31890#tosummaryOfInvasiveness
55. Colautti RI, Eckert CG & Barrett SCH. 2010. Evolutionary constraints on adaptive evolution during range expansion in an invasive plant. Proceedings of the Royal Society B. Biological Sciences 277(1689): 1799–1806; DOI: 10.1098/rspb.2009.2231
56. Nötzold R, Blossey B & Newton E. 1998. The influence of below ground herbivory and plant competition on growth and biomass allocation of purple loosestrife. Oecologia 113(1): 82–93; https://doi.org/10.1007/s004420050356

57. Thomsen CJM & Sargent RD. 2017. Evidence that a herbivore tolerance response affects selection on floral traits and inflorescence architecture in purple loosestrife (*Lythrum salicaria*). Annals of Botany 119(8): 1295–1303; https://doi.org/10.1093/aob/mcx026
58. Russell-Mercier JL & Sargent RD. 2015. Indirect effects of herbivory on plant–pollinator interactions in invasive *Lythrum salicaria*. American Journal of Botany 102(5): 661–668; https://doi.org/10.3732/ajb.1500043
59. Hambäck PA. 2010. Density-dependent processes in leaf beetles feeding on purple loosestrife: aggregative behaviour affecting individual growth rates. Bulletin of Entomological Research 100(5): 605–611; https://doi.org/10.1017/S000748530999068X
60. McAvoy TJ & Kok LT. 2007. Fecundity and feeding of *Galerucella calmariensis* and *G. pusilla* on *Lythrum salicaria.* BioControl 52(3): 351–363; https://link.springer.com/article/10.1007/s10526-006-9042-4
61. Stamm Katovich EJ, Becker RL, Ragsdale DW & Skinner LC. 2008. Growth and phenology of three Lythraceae species in relation to feeding by *Galerucella calmariensis* and *Galerucella pusilla*: Predicting ecological host range from laboratory host range testing. Invasive Plant Science and Management 1(2): 207–215; https://doi.org/10.1614/IPSM-07-039.1
62. Joshi S & Tielbörger K. 2012. Response to enemies in the invasive plant *Lythrum salicaria* is genetically determined. Annals of Botany 110(7): 1403–1410; https://doi.org/10.1093/aob/mcs076
63. Lehndal L & Ågren J. 2015. Latitudinal variation in resistance and tolerance to herbivory in the perennial herb *Lythrum salicaria* is related to intensity of herbivory and plant phenology. Journal of Evolutionary Biology 28(3): 576–589; https://doi.org/10.1111/jeb.12589

64. Lehndal L, Hambäck PA, Ericson L & Ågren J. 2016. Herbivory strongly influences among-population variation in reproductive output of *Lythrum salicaria* in its native range. Oecologia 180(4): 1159– 1171; https://link.springer.com/article/10.1007%2Fs00442-015-3520-2
65. International Pest Control. 2015. USA: Beetles meant to curb weeds invade neighbourhood. International Pest Control, 13 October 2015; http://international-pest-control.com/news-in-brief-sepoct15/
66. Uveges JL, Corbett AL & Mal TK. 2002. Effects of lead contamination on the growth of *Lythrum salicaria* (purple loosestrife). Environmental Pollution 120(2): 319–323; https://doi.org/10.1016/S0269-7491(02)00144-6
67. Isabelle PS, Fooks LJ, Keddy PA & Wilson SD. 1987. Effects of roadside snowmelt on wetland vegetation: an experimental study. Journal of Environmental Management 25: 57–60.
68. Zhao Y, Liu B, Zhang W, Kong W, Hu C & An S. 2009. Comparison of the treatment performances of high-strength wastewater in vertical subsurface flow constructed wetlands planted with *Acorus calamus* and *Lythrum salicaria*. Journal of Health Science 55(5): 757–766; https://doi.org/10.1248/jhs.55.757
69. Xiang Y, Xiang Y, Wang L & Jiao Y. 2018. Effects of coking wastewater on the growth of five wetland plant species. Bulletin of Environmental Contamination and Toxicology 100(2): 265–270; https://doi.org/10.1007/s00128-017-2215-2
70. Knezevic SZ, Osipitan OA, Oliveira MC & Scott JE. 2018. *Lythrum salicaria* (Purple loosestrife) control with herbicides: Multiyear applications. Invasive Plant Science and Management 11(3): 143–154; https://doi.org/10.1017/inp.2018.17

71. North Dakota State University. 2018. Identification and Control of Purple Loosestrife (*Lythrum salicaria* L.); https://www.ag.ndsu.edu/publications/crops/identification-and-control-of-purple-loosestrife-lythrum-salicaria-l
72. Farnsworth EJ & Ellis DR. 2001. Is purple loosestrife (*Lythrum salicaria*) an invasive threat to freshwater wetlands? Conflicting evidence from several ecological metrics. *Wetlands* 21: 199–209; https://doi.org/10.1672/0277-5212(2001)021[0199:IPLLSA]2.0.CO;2
73. Schooler SS, McEvoy PB & Coombs EM. 2006. Negative per capita effects of purple loosestrife and reed canary grass on plant diversity of wetland communities. Diversity and Distributions 12(4): 351–363; https://doi.org/10.1111/j.1366-9516.2006.00227.x
74. Lui K, Thompson FL & Eckert C. 2005. Causes and consequences of extreme variation in reproductive strategy and vegetative growth among invasive populations of a clonal aquatic plant, *Butomus umbellatus* L. (Butomaceae). Biological Invasions 7(3); 427–444; https://doi.org/10.1007/s10530-004-4063-3
75. Henne DC, Lindgren CJ, Gabor TS, Murkin HR & Roughley RE. 2005. An integrated management strategy for the control of purple loosestrife *Lythrum salicaria* L. (Lythraceae) in the Netley-Libau Marsh, southern Manitoba. Biological Control 32(2): 319–325; https://doi.org/10.1016/j.biocontrol.2004.10.012
76. Blossey B, Skinner LC & Taylor J. 2001. Impact and management of purple loosestrife (Lythrum salicaria) in North America. Biodiversity and Conservation 10(10): 1787–1807; https://doi.org/10.1023/A:1012065703604
77. Tavernia BG & Reed JM. 2012. The impact of exotic purple loosestrife (*Lythrum salicaria*) on wetland bird abundances. The American Midland Naturalist 168(2): 352–363; https://doi.org/10.1674/0003-0031-168.2.352

78. Radanovic M, Milanovich JR, Barrett K & Crawford JA. 2017. Stable isotopes reveal an invasive plant contributes more than native sources to anuran larvae diets. Journal of Freshwater Ecology 32(1): 337–347; https://doi.org/10.1080/02705060.2017.1295885
79. Brown CJ, Blossey B, Maerz JC & Joule SJ. 2006. Invasive plant and experimental venue affect tadpole performance. Biological Invasions 8: 327–338; DOI https://doi.org/10.1007/s10530-004-8244-x
80. Maerz JC, Brown CJ, Chapin CT & Blossey B. 2005. Can secondary compounds of an invasive plant affect larval amphibians? Functional Ecology, 19(6): 970–975; https://doi.org/10.1111/j.1365- 2435.2005.01054.x
81. Kleppel GS & LaBarge E. 2011. Using sheep to control purple loosestrife (*Lythrum salicaria*). Invasive Plant Science and Management 4(1): 50–57; https://doi.org/10.1614/IPSM-D-09-00061.1
82. Anderson MG. 1995. Interactions between Lythrum salicaria and native organisms: A critical review. Environmental Management 19(2): 225–231; https://doi.org/10.1007/BF02471992
83. Rautavaara T. 1981. *Miten luonto parantaa. Kansanparannuskeinoja ja luontaislääketiedettä.* 5. painos. WSOY. Porvoo-Helsinki-Juva.
84. Lönnrot E & Saelan T. 1866. *Flora Fennica – Suomen Kasvio.* Uusi parannettu laitos. Suomalaisen Kirjallisuuden Seura. Helsinki.
85. Jouravel G, Guénin S, Bernard F-X, Elfakir C, Bernard P & Himbert F. 2010. New biological activities of *Lythrum salicaria* L.: Effects on keratinocytes, reconstructed epidermis and reconstructed skins, Applications in dermo-cosmetic sciences. *Cosmetics 4*(4), 52; https://doi.org/10.3390/cosmetics4040052
86. Piwowarski JP, Granica S & Kiss AK. 2015. *Lythrum salicaria* L. – Underestimated medical plant from European traditional medicine. A review. Journal of Ethnopharmacology 170: 226–250; https://doi.org/10.1016/j.jep.2015.05.017

87. Piwowarski JP & Kiss AK. 2015. Contribution of *C*-glucosidic ellagitannins to *Lythrum salicaria* L. influence on pro-inflammatory functions of human neutrophils. Journal of Natural Medicines 69(1): 100–110; https://link.springer.com/article/10.1007/s11418-014-0873-5
88. Migliore L, Rotini A, Cerioli NL, Cozzolino S & Fiori M. 2010. Phytotoxic antibiotic sulfadimethoxine elicits a complex hormetic response in the weed *Lythrum salicaria* L. Dose Response 8(4): 414–427; doi: 10.2203/dose-response.09-033.
89. Treberg MA & Husband BC. 1999. Relationship between the abundance of *Lythrum salicaria* (purple loosestrife) and plant species richness along the Bar River, Canada. Wetlands 19(1): 118–125; https://doi.org/10.1007/BF03161740
90. Houlahan JE & Findlay CS. 2004. Effect of invasive plant species on temperate wetland plant diversity. Conservation Biology 18(4): 1132–1138; https://doi.org/10.1111/j.1523-1739.2004.00391.x